工信学术出版基金
Industry and Information Technology
Academic Publishing Fund

U0203111

雷达人体感知

李　刚　著

電子工業出版社·
Publishing House of Electronics Industry
北京 · BEIJING

内 容 简 介

本书共7章，第1章介绍了雷达工作原理；第2章介绍了雷达肢体行为识别方法；第3章介绍了雷达跌倒检测方法；第4章介绍了雷达手势识别方法；第5章介绍了雷达在慢性阻塞性肺病筛查中的应用；第6章介绍了雷达在睡眠呼吸障碍筛查中的应用；第7章介绍了雷达在睡眠分期中的应用。除了第1章讲述雷达工作原理，第2～7章的内容均基于作者团队的研究结果。

本书适合雷达工程、安防监视、人机交互、医疗健康等领域的科学家、工程师、高校教师、研究生、管理人员及相关从业人员阅读。

图书在版编目（CIP）数据

雷达人体感知 / 李刚著. -- 北京 ：电子工业出版社，2024. 12. -- ISBN 978-7-121-49259-4

Ⅰ．TN95

中国国家版本馆 CIP 数据核字第 2024BP8982 号

责任编辑：张正梅

印　　刷：天津画中画印刷有限公司

装　　订：天津画中画印刷有限公司

出版发行：电子工业出版社

　　　　　北京市海淀区万寿路 173 信箱　邮编　100036

开　　本：720×1 000　1/16　印张：15.25　字数：262 千字

版　　次：2024 年 12 月第 1 版

印　　次：2024 年 12 月第 1 次印刷

定　　价：98.00 元

凡所购买电子工业出版社图书有缺损问题，请向购买书店调换。若书店售缺，请与本社发行部联系，联系及邮购电话：(010) 88254888，88258888。

质量投诉请发邮件至 zlts@phei.com.cn，盗版侵权举报请发邮件至 dbqq@phei.com.cn。

本书咨询联系方式：zhangzm@phei.com.cn。

前　言
Preface

雷达从诞生至今已有百年历史，在军用和民用领域得到了广泛应用。雷达的传统应用场景主要集中在军事和遥感领域，感知的对象以人造目标和自然环境为主。近 20 年来，雷达人体感知，即利用雷达监测人体活动、发现异常行为、感知生命体征等，成为雷达领域的新兴研究方向之一，受到了学术界和工业界越来越多的关注。与光学、声学、红外、激光相比，雷达具有一些独特优势，如不受光照、温度、湿度等环境因素的限制，不泄露用户人脸、语音等隐私，对衣服、被子有一定的穿透性，对运动极为敏感，可接受的价格等。这些优势使雷达在安防监视、人机交互、智慧家居、医疗健康等领域焕发出了新的生命力。近几年，装有雷达的高科技产品不断问世，给用户带来了全新的体验。2019 年，谷歌（Google）推出了第一部装有雷达的智能手机 Pixel 4，在手机的前置摄像头旁边装配了英飞凌（Infineon）公司生产的 60GHz 毫米波雷达芯片，给手机带来了一系列新功能，如利用雷达对抵近物体的检测实现了面部解锁功能的快速触发、利用雷达手势识别实现了音乐播放器和小游戏的隔空操控等。2020 年，谷歌推出了装有雷达的温控设备 Nest Thermostat，利用雷达实现了人体靠近自动检测和手势隔空操控。2021 年，谷歌推出了装有雷达的智能音箱 Nest Hub，2022 年，亚马逊（Amazon）推出了装有雷达的智能闹钟 Halo Rise。在这两款产品中，雷达对人的睡眠状态进行无接触式监测。2021 年，长城汽车在车内部署了雷达，用于检测是否有儿童和宠物被遗留在车内后排座位。2022 年，海尔推出了装有雷达的空调，利用雷达感应用户位置，从而实现了主动跟随用户送风功能。

从读博士到今天，我从事雷达研究已经有 20 多年了，有幸见证了雷达人体感知方法完善、技术突破、产品落地的整个过程。2014 年，我们团队启动了雷达感知人体步态和手势研究。2016—2019 年，我有幸获得国家自然科学基金委和英国皇家学会联合设立的中英人才基金的资助，与雷达领域著名学者、英国皇家工程院院士、电气与电子工程师协会（Institute of Electrical and Electronics Engineers，IEEE）会士、英国伦敦大学学院的休·格里菲斯（Hugh Griffiths）教授合作，开展了雷达人体感知系统设计、信号处理方法、科学试验等方面的研究。2017 年，在美国西雅图举办的 IEEE 雷达会议（IEEE Radar Conference）上，我和雷达领域著名学者维克多·C.陈（Victor C. Chen）一起作了题为 "Introduction to radar micro-doppler sensor and applications" 的讲座报告。我主要报告了雷达人体感知的经典方法，并现场演示了我们团队研发的雷达手势识别原理样机，引起专家们的热烈讨论。在会场与雷达领域诸多学者和工程师的充分交流进一步加深了我对雷达人体感知技术的理解，提升了我对雷达人体感知应用的认识。2019—2024 年，我们团队与上海市第六人民医院、首都医科大学附属北京儿童医院、首都医科大学附属北京世纪坛医院、北京大学第三医院、北京清华长庚医院等医院的医学专家开展了医工交叉合作研究，探索雷达在人体跌倒检测、呼吸模态测量、睡眠呼吸障碍诊断、慢性阻塞性肺病筛查等方向的应用，突破了一系列关键技术，获取了一批临床数据和真实世界数据。我们同时在国内外期刊、会议上发表了多篇论文，获得了多项发明专利授权，所研发的部分产品获批医疗器械注册证，应用于国内多家医院和康养机构。

回顾自己在雷达人体感知方向的研究历程，我萌生了撰写本书的念头，希望与同行分享自己的认识，与领域内更多学者、专家交流，开拓新思想。雷达人体感知的创新研究正在不断涌现，公开文献中还有很多与雷达人体感知相关的其他内容，如雷达估计呼吸率与心率、雷达监测血压、雷达评估帕金森病进展等。限于篇幅，本书未能全部包含上述内容。如果本书能对雷达工程、安防监视、人机交互、医疗健康等领域的科学家、工程师、高校教师、研究生、管理人员及相关从业人员有一些启发，我将感到荣幸之至。

　　感谢在雷达人体感知方向与我合作的学者，他们是英国伦敦大学学院的休·格里菲斯教授和马修·里奇（Matthew Ritchie）博士、北京理工大学的陶然教授、荷兰代尔夫特理工大学的弗朗西斯科·菲奥拉内利（Francesco Fioranelli）教授等。在愉快的合作过程中，与他们的交流讨论总是让我获益良多。感谢我团队从事雷达人体感知研究的博士后和研究生们，他们是王泽涛、张瑞、杨乐、陈兆希、张闻宇、张世猛、乔幸帅、王威、李睿等。他们勇于创新的精神和求真务实的作风是我团队取得科研成果的重要保障，他们也为本书的撰写做出了实质贡献。感谢国家自然科学基金中英人才基金、英国皇家学会－牛顿高级学者基金（The Royal Society–Newton Advanced Fellowship）、清华大学自主科研项目对我团队研究的资助。感谢英飞凌公司和 Ancortek 公司为我团队研究雷达人体感知提供的设备支持。感谢工信学术出版基金对本书出版的资助。感谢电子工业出版社张正梅等编辑辛勤的编校、排版工作。感谢家人对我的支持，撰写本书花费了我很多时间和精力，没有家人的支持，我很难如期写完本书。

　　限于本人的水平和经验，本书可能存在错误与不当之处，敬请读者提出宝贵意见和建议，我将诚恳接受并积极改进。

李　刚

2024 年 6 月于清华园

目　录
Contents

雷达工作原理

1.1 雷达的组成

　　雷达，英文为 Radar，是 Radio Detection and Ranging（无线电检测与测距）的缩写。雷达通过发射和接收电磁波，利用物体对电磁波的散射，实现对目标的检测、跟踪、成像、识别等。与光学、红外等其他感知手段相比，雷达具有全天时、全天候工作的优势，不易受到光照、云雨等环境因素的影响。

　　图 1-1 以一种单基站脉冲雷达为例，给出了雷达的基本组成框架[1]。本地振荡器（本振）的作用是产生正弦信号，其频率为雷达载频。波形发生器用于产生基带脉冲波形。发射机将基带信号调制到雷达载频上，产生射频信号。射频信号通过发射天线辐射出去。辐射的电磁波在空间中传播，经物体散射后被接收天线接收。接收到的射频信号经过射频放大器放大后进入混频器，产生中频信号。中频信号经过中频放大器放大，再经过解调、模数转换，转变为基带数字信号进入信号 / 数据处理器，用于后续的信号 / 数据处理。根据雷达功能的不同，雷达信号 / 数据处理器的输出可以是目标的距离与速度、目标检测结果点迹、目标运动航迹、目标图像、目标特征及类别等。需要说明的是，图 1-1

给出的雷达基本组成框架并不是唯一的。例如，有些雷达系统的发射和接收共用一组天线，这种收发模式称为双工，天线收发功能的切换通过双工器实现。又如，模数转换所处的位置在不同雷达中有所区别，早期雷达的信号处理在模拟域实现，而现代雷达更多地在数字域进行信号处理，其模数转换的位置更靠近雷达的前端。

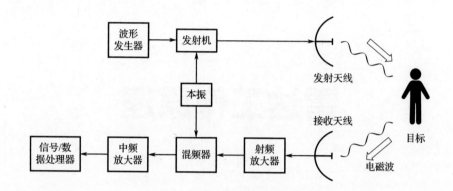

图 1-1　雷达的基本组成框架

按照发射和接收的电磁波波形不同，雷达通常可以分为脉冲雷达和连续波雷达。脉冲雷达发射的信号是间歇式的，在脉冲的发射间隔内接收目标散射的回波信号，即发－收交替进行。脉冲雷达的优点是可以避免雷达发射机对雷达接收机的干扰。连续波雷达发射的是连续的波形，通常需要发射、接收两个天线，在利用发射天线发射波形的同时，利用接收天线接收回波信号。连续波雷达的优点是可以连续工作，更有利于信号能量的长时间积累，从而提高接收端的信噪比。对于脉冲雷达和连续波雷达将分别在 1.4 节和 1.5 节进行详细介绍。

1.2　雷达方程

雷达方程是雷达系统设计和分析的理论基础，它描述了雷达发射功率 P_t 与接收功率 P_r、目标距离 R 等物理量之间的定量关系。雷达方程图示如图 1-2 所示。首先考虑收发同置的简单情形，此时目标到收、发天线的距离 R_r 和 R_t 相等，表示为 R。发射天线将功率为 P_t 的电磁波辐射出去，如果采用无方向性天线，则各个方向上的辐射功率密度是均匀的，在无损耗介质中距离 R 处的电磁波的功率 P_t 均匀分布在以 R 为半径的球面上，因此全向辐射的功率密度为 $P_t/(4\pi R^2)$。而实际雷达通常采用有方向的天线，使辐射的能量更加集中，能量集中的程度由发射天线的增益 G 来刻画。照射到目标的发射功率密度为

$$Q_t = \frac{P_t G}{4\pi R^2} \qquad (1\text{-}1)$$

电磁波照射到目标后发生散射，后向散射功率除了与发射功率密度有关，还与目标的雷达截面积（Radar Cross Section，RCS）有关。目标的雷达截面积通常定义为

$$\sigma = 4\pi \lim_{R\to\infty} R^2 \frac{E_b^2}{E_t^2} \qquad (1\text{-}2)$$

式中，E_b 为后向散射的电场强度；E_t 为发射的电场强度。则目标后向散射功率可表示为

$$P_b = Q_t \sigma = \frac{P_t G \sigma}{4\pi R^2} \qquad (1\text{-}3)$$

对于简单点目标，可以假设后向散射为无方向性辐射。当距离 R 处的目标散射的电磁波到达雷达接收天线时，后向散射功率密度为

$$Q_b = \frac{P_b}{4\pi R^2} = \frac{P_t G \sigma}{(4\pi)^2 R^4} \qquad (1\text{-}4)$$

若接收天线的有效孔径面积为 A_e，则接收功率为

$$P_r = Q_b A_e = \frac{P_t G A_e \sigma}{(4\pi)^2 R^4} \qquad (1\text{-}5)$$

这就是简单点目标的雷达方程。在以上推导中没有考虑系统损耗、大气损耗等非理想因素，也没有考虑扩展目标的复杂散射特性。在雷达方程的推导中涉及的各物理量在图 1-2 中标出。雷达方程表明，雷达接收功率与 R^4 成反比。从雷达设计者的角度考虑，可以通过增大发射功率或天线有效孔径增加雷达作用距离；从目标设计者的角度考虑，可以通过减小 RCS 避免目标被雷达发现。

以上介绍基于收发同置雷达，而收发分置雷达的雷达方程表达式略有不同。对收发分置雷达，目标到发射天线的距离 R_t 和目标到接收天线的距离 R_r 可能不同，因此式（1-5）应该修改为

$$P_r = \frac{P_t G A_e \sigma}{(4\pi)^2 R_t^2 R_r^2} \qquad (1\text{-}6)$$

式中，σ 为目标的双站 RCS，其定义与式（1-2）相同，只不过入射方向与散射方向不同。

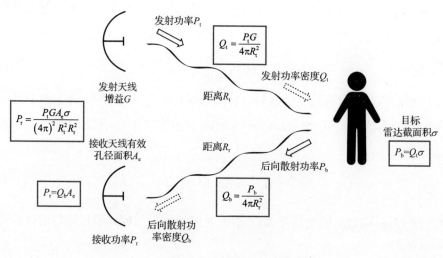

图 1-2　雷达方程图示

雷达的检测性能取决于雷达检测时的信噪比（Signal-to-Noise Ratio，SNR），记为 χ。只有当信噪比 χ 超过一定的阈值时，目标才能被检测到。在雷达接收机输入端，信号功率为 P_r，由式（1-6）给出。而雷达检测时的信噪比除了依赖 P_r，还与接收机的参数和信号处理增益 G_{sp} 等因素有关，表达式为[1]

$$\chi = \frac{P_r G_{sp}}{k T_0 B_n F_n} \tag{1-7}$$

式中，$k = 1.38 \times 10^{-23}$ J/K 为玻耳兹曼常量；$T_0 = 290$K 为标准温度；B_n 为接收机滤波器噪声等效带宽；F_n 为接收机噪声系数；G_{sp} 为信号处理增益。本节主要介绍信号处理增益 G_{sp} 的影响。在雷达信号处理中，积累是获得信号处理增益的重要手段。积累包括相参积累和非相参积累。其中，相参积累对复数据进行积累；而非相参积累只对复信号脉冲串的幅度（或幅度平方、对数幅度）进行叠加，也有文献把脉冲串检测结果的 0/1 判决值进行叠加，称为非相参积累。相参是雷达信号处理中的一个重要概念，表示信号之间具有恒定的相位关系，这里的信号可以指多个信源、多个雷达脉冲、多幅雷达图像等[2]。例如，在脉冲雷达中，如果脉冲串的初始相位是确定的，则构成一组相参脉冲。调整相参脉冲串的相位，使复信号脉冲串矢量能够同向相加，就能实现相参积累。相参累积提供的信号处理增益高于非相参积累。用于相参积累的一组脉冲串组成一个相参处理间隔（Coherent Processing Interval，CPI），其时长记为 T_{CPI}。当一个相参处理间隔中有 M 个脉冲时，相参处理的信号处理增益为 $G_{sp}=M$，其推导见 1.4.3 节。

1.3　雷达测量分辨率与测量精度

雷达不仅能够直接测量目标的距离、速度、角度，还能够利用距离和角度间接测量高度，测量常用的性能指标包括分辨率和精度等 [1,4]。分辨率是指雷达所能分辨的两个目标在某个域的最小间隔。例如，距离分辨率是指雷达能分辨的两个目标的最小间隔，当目标间距小于这个值时，则目标无法被区分。精度是指测量的均方根误差，该误差通常与分辨率和信噪比有关。雷达的分辨率或精度的数值越小，则称分辨率或精度越高，雷达测量越准确。以下将介绍雷达测距、雷达测速、雷达测角的基本原理。

1.3.1　雷达测距

由于电磁波以光速 c 定向传播，通过测量雷达从发射电磁波到接收回波的延时 τ，可以计算出目标到雷达的距离 R，即

$$R=\frac{c\tau}{2} \tag{1-8}$$

式中，$c=2.998\times10^{8}\,\mathrm{m/s}$ 为光速。在实际信号处理中，通常由匹配滤波器输出的峰值位置来确定延时 τ，进而计算目标到雷达的距离 R。匹配滤波器的概念将在 1.4 节和 1.5 节详细介绍。雷达的距离分辨率与信号带宽成反比 [4]，即

$$\rho_{R}=\frac{c}{2B} \tag{1-9}$$

式中，B 为雷达信号带宽。图 1-3 给出了距离分辨率的示意，雷达波形为线性调频脉冲，匹配滤波器输出为两个目标的响应之和。当两个目标之间的距离等于距离分辨率 ρ_{R} 时，匹配滤波器输出中两个目标的响应叠加只形成一个峰值，无法区分两个目标；当两个目标之间的距离增大为 $1.5\rho_{R}$ 时，匹配滤波器输出有两个峰值，可以区分出两个目标。

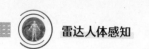

雷达测距的精度,即距离测量的均方根误差,可表示为[4]

$$\sigma_R = \frac{\rho_R}{2.6\sqrt{\chi}} \qquad (1\text{-}10)$$

式中,χ 为雷达检测时的信噪比,表达式见式(1-7)。可见,测距的精度与距离分辨率成正比,与信噪比的平方根成反比。距离分辨率越高(ρ_R 值越小),信噪比越高,则测距精度越高(σ_R 值越小)。需要注意的是,不同体制的雷达测距的分辨率、精度表达式中的比例系数有所不同,但精度、分辨率、信噪比之间的关系是类似的,这一规律对下文所述的雷达测速、雷达测角也是成立的。

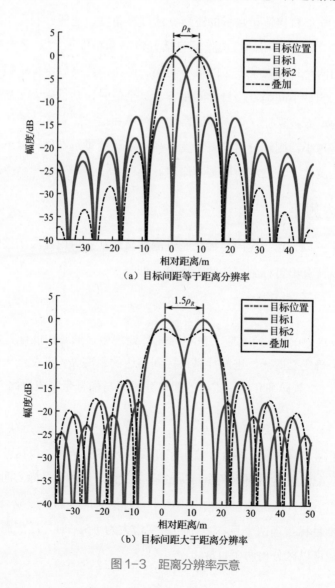

(a)目标间距等于距离分辨率

(b)目标间距大于距离分辨率

图1-3 距离分辨率示意

1.3.2　雷达测速

雷达测速依据的原理是电磁波的多普勒效应，如图1-4所示。当目标相对雷达以速度 v_r 做径向运动时，接收回波会在发射波形的基础上产生频率偏移，偏移的频率就是多普勒频率 f_d，其表达式为

$$f_d = -\frac{2v_r}{c}f_0 = -\frac{2v_r}{\lambda} \tag{1-11}$$

式中，f_0 为发射信号的载波频率；$\lambda = c/f_0$ 为发射信号的波长。多普勒频率的符号满足如下规律：当目标靠近雷达时，径向运动速度 $v_r = \dfrac{\mathrm{d}R}{\mathrm{d}t} < 0$，产生正的多普勒频率，即 $f_d > 0$；当目标远离雷达时，径向运动速度 $v_r = \dfrac{\mathrm{d}R}{\mathrm{d}t} > 0$，产生负的多普勒频率，即 $f_d < 0$。多普勒频率只依赖径向运动速度，与切向运动速度无关。

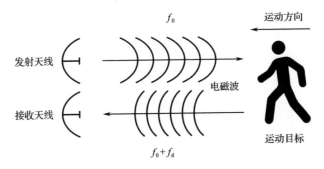

图1-4　多普勒效应

根据傅里叶变换的性质，雷达的频率分辨率取决于信号的总时长。因此，雷达的速度分辨率与相参处理间隔 T_{CPI} 成反比，即

$$\rho_v = \frac{\lambda}{2T_{\mathrm{CPI}}} \tag{1-12}$$

综合式（1-9）与式（1-12）可以看出，雷达距离分辨率和速度分辨率的乘积受限于总的时频资源 BT_{CPI}，不能无限提高。与 1.3.1 节分析测距精度与距离分辨率的关系类似，雷达测速的精度为[4]

$$\sigma_v = \frac{\rho_v}{2.6\sqrt{\chi}} \tag{1-13}$$

1.3.3　雷达测角

雷达测角，即测量目标的俯仰角 φ 和方位角 θ，两者在不同体制的雷达中通过不同的方式实现。这里介绍孔径天线（如反射抛物面天线等）和天线阵列的测角原理。以方位角 θ 的测量为例，孔径天线的角度分辨率与天线方向图有关，其中方向图 $G(\theta)$ 表示远场电场强度在方位角 θ 上的分布，表达式为 [1]

$$G(\theta) = \mathrm{sinc}\left(\frac{L}{\lambda}\sin\theta\right) \tag{1-14}$$

式中，$\mathrm{sinc}(x) = \sin(\pi x)/(\pi x)$ 为 sinc 函数；L 为雷达天线的尺寸。孔径天线的方向图如图 1-5 所示。sinc 函数的 0.707 倍峰值对应的主瓣宽度称为 sinc 函数的 3dB 宽度，其数值约为 0.88。在 $\theta \approx 0$ 处，有 $\sin\theta \approx \theta$，$G(\theta)$ 可以近似为 $\mathrm{sinc}\left(\dfrac{L}{\lambda}\theta\right)$，因此，$G(\theta)$ 的 3dB 宽度为 $0.88\dfrac{\lambda}{L} \approx \dfrac{\lambda}{L}$，由此可以定义雷达的角度分辨率为 [1,4,5]

$$\rho_\theta = \frac{\lambda}{L} \tag{1-15}$$

与 1.3.1 节分析测距精度与距离分辨率的关系类似，雷达测角的精度为 [4,5]

$$\sigma_\theta = \frac{\rho_\theta}{2.6\sqrt{\chi}} \tag{1-16}$$

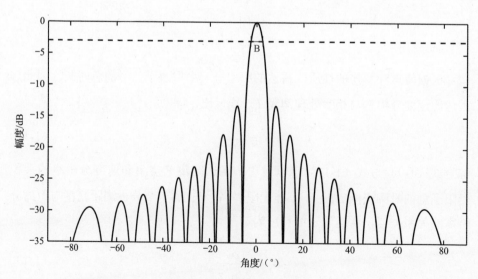

图 1-5　孔径天线的方向图

多个天线阵元按照一定的方式排布可以形成天线阵列。这里考虑由 N 个天线阵元等距排布组成的线性阵列，如图 1-6 所示。设相邻天线阵元的间距为 D，角度为 θ 处的目标散射的电磁波被 N 个天线阵元接收。当目标位于远场时，其散射的电磁波到达天线阵列时可以近似为平面波。由于天线阵元位置不同，相邻天线阵元的接收回波具有相位差 $\Delta\phi$，表达式为

$$\Delta\phi = \frac{2\pi D}{\lambda}\sin\theta \tag{1-17}$$

将 N 个天线阵元接收回波的相位表示为如下向量。

$$\boldsymbol{S}_{\mathrm{r}}(\theta) = [1 \quad \mathrm{e}^{\mathrm{j}\Delta\phi} \quad \cdots \quad \mathrm{e}^{\mathrm{j}(N-1)\Delta\phi}]^{\mathrm{T}} \tag{1-18}$$

由此可以计算该天线阵列在不同方向的响应（称为天线阵列的方向图），即

$$G(\theta) = \frac{1}{N}\left|\boldsymbol{S}_{\mathrm{r}}(\theta)\cdot\boldsymbol{1}\right| = \frac{\sin\left(\dfrac{\pi N D}{\lambda}\sin\theta\right)}{N\sin\left(\dfrac{\pi D}{\lambda}\sin\theta\right)} \approx \mathrm{sinc}\left(\frac{L}{\lambda}\sin\theta\right) \tag{1-19}$$

式中，$L = ND$ 定义为天线阵列的尺寸。天线阵列角度分辨率、测角精度的表达式分别与式（1-15）、式（1-16）相同。对俯仰角 φ 的测量分析与方位角 θ 的测量分析类似。

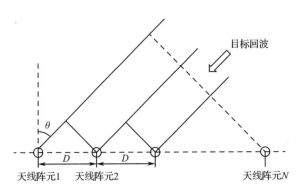

图 1-6　由 N 个天线阵元等距排布组成的线性阵列

　　以上介绍了雷达的基本功能，以及雷达测距、雷达测速、雷达测角的基本原理。在实际应用中，雷达信号处理的算法与雷达采用的波形紧密相关。以下将结合脉冲雷达和连续波雷达的波形，介绍典型的雷达信号处理算法，分析如何从雷达回波信号中获取距离、多普勒频率等参数。

1.4 脉冲雷达

脉冲雷达波形示意如图 1-7 所示。雷达发射的是一个周期性脉冲序列，相邻两个脉冲的间隔称为脉冲重复间隔（Pulse Repetition Interval，PRI，记为 T），其倒数称为脉冲重复频率（Pulse Repetition Frequency，PRF，记为 f_{PRF}）。在每个脉冲重复间隔内，前一部分时间用于发射脉冲，其时宽 T_{p} 称为脉冲的时宽或脉冲持续时间，后一部分时间用于接收目标散射的回波信号。如此重复，发射、接收交替进行。发射脉冲的时宽在一个脉冲重复间隔中所占的比例 T_{p}/T 称为占空比。每个脉冲既可以是单频脉冲，也可以是调制脉冲。以下首先介绍单脉冲雷达波形，包括单频脉冲雷达波形和线性调频脉冲雷达波形，然后介绍脉冲串雷达波形。

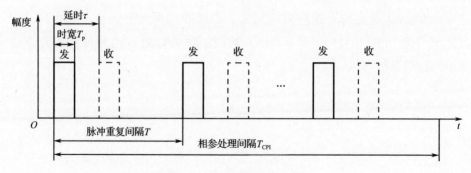

图 1-7 脉冲雷达波形示意

1.4.1 单频脉冲雷达波形

单频脉冲雷达的时域表达式为

$$s_{\mathrm{T}}(t) = \mathrm{rect}\left(\frac{t}{T_{\mathrm{p}}}\right)\exp(\mathrm{j}2\pi f_0 t) \tag{1-20}$$

式中，f_0 表示雷达载频；rect 表示如下矩形窗函数。

$$\mathrm{rect}(x) = \begin{cases} 1, & |x| \leqslant 1/2 \\ 0, & \text{其他} \end{cases} \tag{1-21}$$

单频脉冲雷达的频域表达式为

$$S_T(f) = T_p \mathrm{sinc}(T_p(f - f_0)) \tag{1-22}$$

单频脉冲雷达的时域波形（实部）和频谱如图 1-8 所示。单频脉冲的带宽 B 定义为频谱主瓣的 3dB 宽度，表达式为 $B = 0.88/T_p \approx 1/T_p$。可见单频脉冲的时宽和带宽成反比。

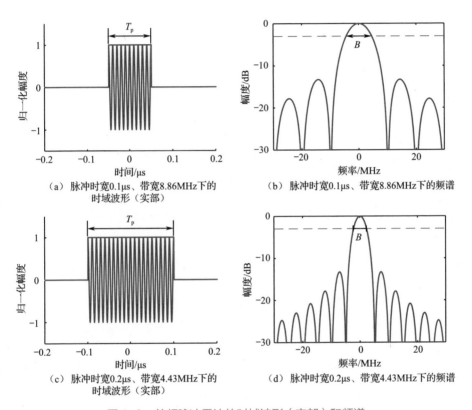

（a）脉冲时宽0.1μs、带宽8.86MHz下的时域波形（实部）

（b）脉冲时宽0.1μs、带宽8.86MHz下的频谱

（c）脉冲时宽0.2μs、带宽4.43MHz下的时域波形（实部）

（d）脉冲时宽0.2μs、带宽4.43MHz下的频谱

图 1-8 单频脉冲雷达的时域波形（实部）和频谱

考虑收发同置雷达感知单个静止目标的例子，雷达发射波形被目标散射，回波经过延时 τ 被雷达接收，目标回波的时域表达式为

$$s_R(t) = \alpha s_T(t - \tau) \tag{1-23}$$

式中，α 为散射系数；τ 为延时，与目标到雷达的距离 R 成正比，即 $\tau = 2R/c$。因此，通过测量延时 τ 即可测量目标到雷达的距离。目标回波的频域表达式为

$$S_R(f) = \alpha S_T(f) \exp(-\mathrm{j}2\pi f \tau) \tag{1-24}$$

为了提高接收端的信噪比，从而更准确地检测目标、测量距离，通常需要对目标回波进行匹配滤波处理。匹配滤波器的冲激响应函数为雷达发射信号的时域反褶后的复共轭，表达式为

$$h(t) = s_{\mathrm{T}}^*(-t) \tag{1-25}$$

式中，上标 * 表示取共轭。根据傅里叶变换的性质，匹配滤波器的频域表达式为

$$H(f) = S_{\mathrm{T}}^*(f) \tag{1-26}$$

事实上，匹配滤波器是在特定时刻最大化输出信噪比的滤波器。为了证明这一点，考虑一般的滤波器，其冲激响应为 $h(t)$，频率响应为 $H(f)$，则滤波器输出信号 $y(t)$ 的时域表达式和频域表达式分别为

$$y(t) = s_{\mathrm{R}}(t) * h(t) = \int_{-\infty}^{\infty} s_{\mathrm{R}}(u) h(t-u) \mathrm{d}u \tag{1-27}$$

$$Y(f) = S_{\mathrm{R}}(f) H(f) \tag{1-28}$$

式中，运算 $*$ 表示卷积。假设输入中包含功率谱密度为 σ_w^2 的高斯白噪声，则输出噪声仍为高斯噪声，方差为

$$N_{\mathrm{p}} = \sigma_w^2 \int_{-\infty}^{+\infty} |H(f)|^2 \, \mathrm{d}f = \sigma_w^2 \int_{-\infty}^{+\infty} |h(t)|^2 \, \mathrm{d}t \tag{1-29}$$

本节希望在 $t = \tau$ 时刻最大化匹配滤波器输出的信噪比 χ。信噪比 χ 的表达式为

$$\chi = \frac{|y(\tau)|^2}{N_{\mathrm{p}}} = \frac{\left| \int_{-\infty}^{+\infty} S_{\mathrm{R}}(f) H(f) \exp(\mathrm{j}2\pi f \tau) \mathrm{d}f \right|^2}{\sigma_w^2 \int_{-\infty}^{+\infty} |H(f)|^2 \, \mathrm{d}f} \tag{1-30}$$

由式（1-24）和柯西‑施瓦茨不等式可得

$$\left| \int_{-\infty}^{+\infty} S_{\mathrm{R}}(f) H(f) \exp(\mathrm{j}2\pi f \tau) \mathrm{d}f \right|^2 = \left| \int_{-\infty}^{+\infty} \alpha S_{\mathrm{T}}(f) H(f) \mathrm{d}f \right|^2$$

$$\leqslant |\alpha|^2 \int_{-\infty}^{+\infty} |S_{\mathrm{T}}(f)|^2 \, \mathrm{d}f \int_{-\infty}^{+\infty} |H(f)|^2 \, \mathrm{d}f \tag{1-31}$$

由此可得

$$\chi \leqslant \frac{|\alpha|^2}{\sigma_w^2} \int_{-\infty}^{+\infty} |S_{\mathrm{T}}(f)|^2 \, \mathrm{d}f \tag{1-32}$$

当满足 $H(f) = S_{\mathrm{T}}^*(f)$ 时取等号，即 $h(t) = s_{\mathrm{T}}^*(-t)$。这就证明了匹配滤波器可

以最大化 $t = \tau$ 时刻的输出信噪比。需要说明的是，在实际处理中，为了保证滤波器的因果性，即当 $t < 0$ 时，$h(t) = 0$，通常取 $h(t) = s_{\mathrm{T}}^*(T_{\mathrm{M}} - t)$，其中 $T_{\mathrm{M}} \geqslant T_{\mathrm{p}}$，相应的匹配滤波器输出将在 $t = T_{\mathrm{M}} + \tau$ 处取得峰值。为方便表达，以下的分析中仍设 $h(t) = s_{\mathrm{T}}^*(-t)$。

对单个静止点目标，匹配滤波器输出的时域表达式和频域表达式分别为

$$y(t) = \alpha \int_{-\infty}^{\infty} s_{\mathrm{T}}(u - \tau) s_{\mathrm{T}}^*(u - t)\mathrm{d}u = \alpha C(t - \tau) \tag{1-33}$$

$$Y(f) = S_{\mathrm{R}}(f) S_{\mathrm{T}}^*(f) = \alpha \left| S_{\mathrm{T}}(f) \right|^2 \exp(-\mathrm{j}2\pi f\tau) \tag{1-34}$$

式中，$C(t)$ 表示 $s_{\mathrm{T}}(t)$ 的自相关函数，表达式为

$$C(t) = \int_{-\infty}^{\infty} s_{\mathrm{T}}(t + u) s_{\mathrm{T}}^*(u)\mathrm{d}u \tag{1-35}$$

自相关函数 $C(t)$ 的频谱为 $\left| S_{\mathrm{T}}(f) \right|^2$，自相关函数的最大值 $C(0)$ 为脉冲的能量 E_{p}。式（1-33）表明，对单个静止点目标，匹配滤波器的输出就是发射波形自相关函数的延迟。根据柯西 - 施瓦茨不等式，有

$$\begin{aligned} \left| C(t) \right|^2 &= \left| \int_{-\infty}^{\infty} s_{\mathrm{T}}(t + u) s_{\mathrm{T}}^*(u)\mathrm{d}u \right|^2 \\ &\leqslant \int_{-\infty}^{\infty} \left| s_{\mathrm{T}}(t + u) \right|^2 \mathrm{d}u \int_{-\infty}^{\infty} \left| s_{\mathrm{T}}^*(u) \right|^2 \mathrm{d}u = C(0)^2 \end{aligned} \tag{1-36}$$

因此，由式（1-33）可知，匹配滤波器输出 $y(t)$ 的峰值出现在 $t = \tau$ 处。单频脉冲的自相关函数是一个三角脉冲，表示为

$$C(t) = T_{\mathrm{p}} \left(1 - \frac{|t|}{T_{\mathrm{p}}} \right) \mathrm{rect}\left(\frac{t}{2T_{\mathrm{p}}} \right) \tag{1-37}$$

因此，匹配滤波器输出的三角脉冲的宽度为 $2T_{\mathrm{p}}$，在 $\tau = 2R/c$ 处取最大值 $\alpha C(0) = \alpha T_{\mathrm{p}}$。单频脉冲雷达的匹配滤波器输出如图 1-9 所示。设置两个幅度相同的目标，距离分别为 R_0 和 $R_0 + 30\mathrm{m}$，图中横轴为相对 R_0 的距离，匹配滤波器输出为两个三角脉冲的叠加。当脉冲的时宽为 0.1μs 时，匹配滤波器输出存在两个峰值，表明场景中有两个目标。当脉冲的时宽增大到 0.2μs 时，匹配滤波器输出只有一个峰值，即两个目标的响应发生了混叠，两者难以区分。因此，单频脉冲的时宽如果过大，则不利于分辨多个目标。这与 1.3.1 节对距离分辨率的分析是一致的，单频脉冲的时宽越小，则带宽越大，距离分辨率越高。

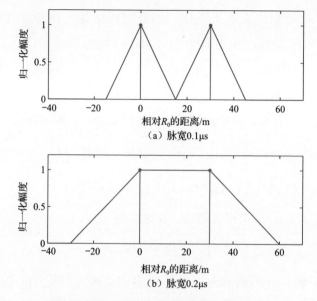

图 1-9　单频脉冲雷达的匹配滤波器输出

当目标相对雷达有径向运动时，目标散射回波为

$$s_R(t) = \alpha s_T(t-\tau)\exp(j2\pi f_d(t-\tau)) \qquad (1\text{-}38)$$

式中，f_d 为多普勒频率，由式（1-11）给出。此时，按照静止目标回波设计的匹配滤波器并不能与运动目标回波完美地匹配，而是存在多普勒失配现象，匹配滤波器输出的幅度、信噪比都会随之变小。为了刻画匹配滤波器中的多普勒失配现象，需要引入模糊函数的概念。模糊函数用于刻画存在多普勒失配现象时匹配滤波器输出端的特性。波形 $x(t)$ 的模糊函数定义为

$$\hat{A}(\tau, f_d) = \int_{-\infty}^{\infty} x(t)x^*(t-\tau)\exp(j2\pi f_d t)\mathrm{d}t \qquad (1\text{-}39)$$

模糊函数 $\hat{A}(\tau, f_d)$ 表示雷达发射波形为 $x(t)$、接收回波为 $x(t)\exp(j2\pi f_d t)$ 时匹配滤波器的输出，匹配滤波器冲激响应函数由式（1-25）给出。对于多普勒频率为 f_d 的运动目标，式（1-25）中的匹配滤波器的输出幅度为

$$y(t) = \alpha\int_{-\infty}^{\infty} s_T(u-\tau)\exp(j2\pi f_d(u-\tau))s_T^*(u-t)\mathrm{d}u = \alpha\hat{A}(t-\tau, f_d) \qquad (1\text{-}40)$$

模糊函数的一个重要性质是 $\left|\hat{A}(\tau, f_d)\right| \leqslant \left|\hat{A}(0,0)\right|$，这可以根据柯西 - 施瓦茨不等式证明，即

$$\left|\hat{A}(\tau, f_d)\right|^2 \leqslant \int_{-\infty}^{\infty}\left|x(t)\right|^2\mathrm{d}t\int_{-\infty}^{\infty}\left|x^*(t-\tau)\exp(j2\pi f_d t)\right|^2\mathrm{d}t = \left|\hat{A}(0,0)\right|^2 \qquad (1\text{-}41)$$

14

特别地，有 $\left|\hat{A}(\tau,0)\right| \leqslant \left|\hat{A}(0,0)\right|$。这表明，在静止目标的真实位置对应的延时 τ 处，匹配滤波器输出的峰值幅度达到最大。单频脉冲雷达波形的模糊函数的幅度为

$$\left|\hat{A}(\tau,f_{\mathrm{d}})\right| = T_{\mathrm{p}}\left(1-\frac{|\tau|}{T_{\mathrm{p}}}\right)\mathrm{rect}\left(\frac{\tau}{2T_{\mathrm{p}}}\right)\left|\mathrm{sinc}\left(f_{\mathrm{d}}T_{\mathrm{p}}\left(1-\frac{|\tau|}{T_{\mathrm{p}}}\right)\right)\right| \tag{1-42}$$

单频脉冲雷达波形的模糊函数等高线如图 1-10 所示。从式（1-42）可以看出，对固定的 f_{d}，单频脉冲雷达波形模糊函数 $\hat{A}(\tau,f_{\mathrm{d}})$ 的峰值总是出现在 $\tau=0$ 处，峰值幅度为

$$\left|\hat{A}(0,f_{\mathrm{d}})\right| = T_{\mathrm{p}}\left|\mathrm{sinc}(f_{\mathrm{d}}T_{\mathrm{p}})\right| \tag{1-43}$$

这说明，在单频脉冲雷达中，即便存在多普勒频率 f_{d}，匹配滤波器输出 $\sigma\hat{A}(t-\tau,f_{\mathrm{d}})$ 的峰值也会出现在 $t=\tau$ 时刻，可以正确反映出单个目标的延时。然而，匹配滤波器输出的峰值随多普勒频率 f_{d} 呈 sinc 规律变化，多普勒失配会导致匹配滤波器输出的幅度减小、信噪比降低。

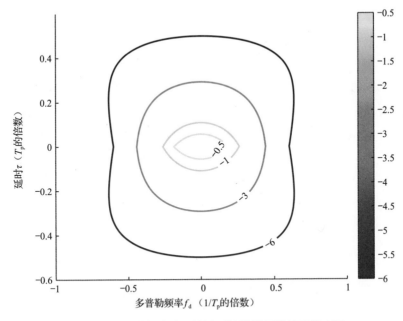

图 1-10 单频脉冲雷达波形的模糊函数等高线 /dB

前面提到，在单频脉冲中，时宽越小，距离分辨率越高。然而，单频脉冲

的时宽也不宜过小。这是因为单频脉冲的能量 A^2T_p 与时宽 T_p 成正比，大的脉冲时宽将带来更高的能量，雷达接收端的信噪比也更高，更有利于雷达检测到远距离的目标。这说明，单频脉冲雷达的距离分辨率和最大探测距离之间存在矛盾，其根源在于单频脉冲的时宽和带宽成反比。脉冲压缩是解决距离分辨率和最大探测距离之间矛盾的有效技术。该技术用既有大时宽又有大带宽的调频脉冲代替单频脉冲。调频脉冲包括线性调频脉冲和非线性调频脉冲，其中线性调频脉冲应用较为广泛，下一节将对其进行详细介绍。

1.4.2　线性调频脉冲雷达波形

线性调频（Linear Frequency Modulation，LFM）信号也称 chirp 信号，其特点为频率随时间线性升高或降低。线性调频脉冲雷达波形的时域表达式为

$$s_\text{T}(t) = \text{rect}\left(\frac{t}{T_\text{p}}\right)\exp\left(\text{j}2\pi\left(f_0 t + \frac{1}{2}\gamma t^2\right)\right) \tag{1-44}$$

式中，f_0 表示雷达载频；$\gamma = \pm B/T_\text{p}$ 表示线性调频率，T_p 表示时宽，B 表示带宽。BT_p 称为时宽带宽积，通常要求 $BT_\text{p} \gg 1$。线性调频脉冲雷达波形的瞬时频率为 $\dfrac{\text{d}}{\text{d}t}\left(f_0 t + \dfrac{1}{2}\gamma t^2\right) = f_0 + \gamma t$，即瞬时频率随时间呈线性变化。当 $\gamma > 0$ 时，为正向线性调频脉冲雷达波形（up-chirp）；当 $\gamma < 0$ 时，为反向线性调频脉冲雷达波形（down-chirp）。线性调频脉冲雷达的时域波形与频谱如图 1-11 所示。以星载合成孔径雷达 RADARSAT 系统的参数为例，$B = 17.2\text{MHz}$，$T_\text{p} = 42\mu\text{s}$。线性调频波形的频域表达式可以根据驻相原理近似计算，参见文献 [1]。当 $BT_\text{p} \gg 1$ 时，近似结果为

$$S_\text{T}(f) \approx C_1\text{rect}\left(\frac{f - f_0}{B}\right)\exp(-\text{j}\pi(f - f_0)^2/\gamma) \tag{1-45}$$

式中，C_1 为常数。可以看出，线性调频信号的频谱形式也是随频率变化的 chirp 信号。与 1.4.1 节类似，线性调频脉冲雷达测距也是通过匹配滤波器实现的，匹配滤波器输出仍为自相关函数的延迟，参见式（1-33）。线性调频信号的自相关函数，即匹配滤波器输出，如图 1-12 所示，其表达式为 [1, 3]

$$C(t) = T_p \left(1 - \frac{|t|}{T_p} \right) \text{rect}\left(\frac{t}{2T_p} \right) \text{sinc}\left(Bt\left(1 - \frac{|t|}{T_p} \right) \right) \qquad (1\text{-}46)$$

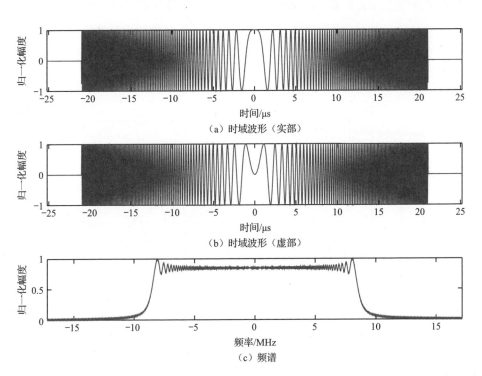

（a）时域波形（实部）

（b）时域波形（虚部）

（c）频谱

图 1-11 线性调频脉冲雷达的时域波形与频谱

式 中 的 自 相 关 函 数 可 以 分 解 为 缓 变 部 分 $T_p\left(1 - \dfrac{|t|}{T_p}\right)\text{rect}\left(\dfrac{t}{2T_p}\right)$ 和 捷 变 部

分 $\text{sinc}\left(Bt\left(1 - \dfrac{|t|}{T_p}\right) \right)$。缓变部分为三角脉冲，在 $t=0$ 附近近似为常数；捷变部

分在 $t=0$ 附近可以近似为 $\text{sinc}(Bt)$，其 3dB 宽度为 $0.88/B \approx 1/B$，相应的距离

分辨率为 $\rho_R = \dfrac{c}{2B}$。因此，线性调频脉冲的自相关函数在 $t=0$ 附近可以近

似为

$$C(t) \approx T_p \text{rect}\left(\frac{t}{2T_p} \right) \text{sinc}(Bt) \qquad (1\text{-}47)$$

式（1-47）也可以从频域验证，因为根据式（1-45），$C(t)$ 的频谱 $|S_T(f)|^2$ 近似

为一个带宽为 B 的矩形窗，因此 $C(t)$ 近似为 sinc 函数。可以看出，线性调频脉冲的匹配滤波器输出的时宽为 $1/B$，与原始时宽 T_p 相比大幅压缩，压缩倍数为时宽带宽积 BT_p，通常有 $BT_p \gg 1$。这说明，线性调频脉冲既能用大时宽积累足够的信号能量，确保增加雷达的作用距离，又能用大带宽确保精确的距离分辨率。

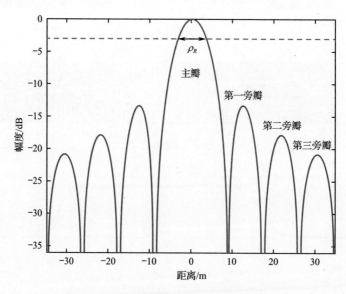

图 1-12   线性调频脉冲的匹配滤波器输出

线性调频脉冲的匹配滤波器输出由一个主瓣和多个旁瓣组成，其位置在图 1-12 中标出。其中，匹配滤波器输出的第一旁瓣高度为 -13dB。旁瓣过高不利于对弱目标的检测。为了说明旁瓣高度对弱目标的影响，假设场景中有一强一弱两个目标，两目标间距为 $5\rho_R$，弱目标的幅度比强目标低 26dB。如图 1-13（a）所示，在匹配滤波器输出中，由于弱目标的峰值高度与峰值附近强目标的旁瓣高度接近，导致弱目标被强目标遮挡。抑制旁瓣可以减少强目标对弱目标的遮挡，而加窗是一种能有效抑制旁瓣的信号处理技术。加窗是指将原信号与一个窗函数相乘，其中窗函数是一种对信号加权的对称实函数，权重在中心位置最大，向两侧逐渐衰减。常用的窗函数有矩形窗（不加窗）、Hanning 窗、Hamming 窗、Blackman 窗、Kaiser 窗等。加窗后，匹配滤波器的频域表达式

由式（1-26）变为

$$H(f) = S_{\mathrm{T}}^{*}(f)W(f) \qquad (1\text{-}48)$$

式中，$W(f)$ 为频域窗函数。

　　加窗对匹配滤波器输出的影响如图 1-13 所示。其中，图 1-13（a）显示了不加窗时强目标对弱目标的遮挡；在图 1-13（b）中，窗函数选择 Hanning 窗，加窗后滤波器输出的旁瓣被抑制，可以清晰地分辨出两个目标，有效抑制强目标旁瓣对弱目标的遮挡。4 种常用的窗函数及加窗后的滤波器输出如图 1-14 所示，各窗函数的比较如表 1-1 所示。从图 1-14 和表 1-1 中可以看出，窗函数的旁瓣越低（以最大旁瓣幅度计算），主瓣通常越宽。因此，在多目标场景中，加窗可以抑制强目标旁瓣对弱目标的遮挡，而代价是输出的主瓣展宽、距离分辨率受损，不利于分辨相距较近的目标。需要说明的是，加窗后的滤波器不再是匹配滤波器，滤波器输出端无法达到式（1-32）中的最优信噪比。

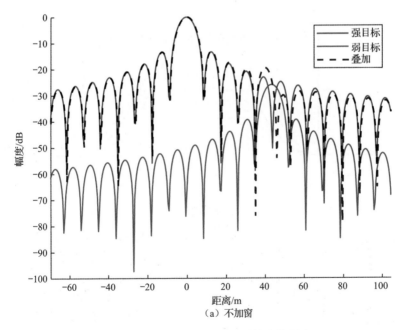

图 1-13　加窗对匹配滤波器输出的影响

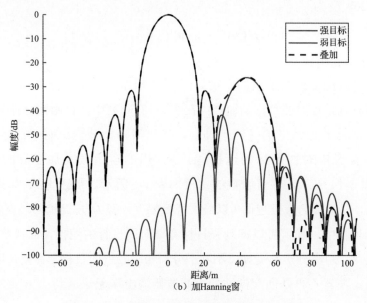

（b）加Hanning窗

图 1-13　加窗对匹配滤波器输出的影响（续）

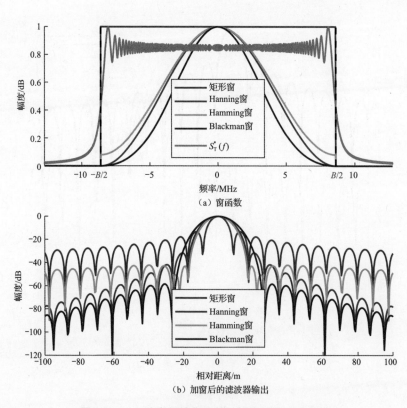

（a）窗函数

（b）加窗后的滤波器输出

图 1-14　4 种常用的窗函数及加窗后的滤波器输出

表 1-1　4 种常用窗函数的比较

窗函数的类型	表达式 $W(f)$, $-B/2 \leq f \leq B/2$	最大旁瓣幅度	主瓣近似宽度
矩形窗	1	−13dB	ρ_R
Hanning 窗	$0.5 + 0.5\cos(2\pi f / B)$	−31dB	$2\rho_R$
Hamming 窗	$0.54 + 0.46\cos(2\pi f / B)$	−41dB	$2\rho_R$
Blackman 窗	$0.42 + 0.5\cos(2\pi f / B) + 0.08\cos(4\pi f / B)$	−57dB	$3\rho_R$

　　与 1.4.1 节类似，当目标相对雷达有径向运动时，接收回波中存在多普勒频率 f_d。如果采用按照静止目标设计的匹配滤波器，也会存在多普勒失配现象，导致输出的信噪比降低。为了分析存在多普勒失配现象时的匹配滤波器输出，需要考虑线性调频脉冲雷达波形的模糊函数。线性调频脉冲雷达波形的模糊函数幅度为

$$\left| \hat{A}'(\tau, f_d) \right| = T_p \left(1 - \frac{|\tau|}{T_p} \right) \text{rect}\left(\frac{\tau}{2T_p} \right) \left| \text{sinc}\left(\left(f_d T_p + B\tau \right)\left(1 - \frac{|\tau|}{T_p} \right) \right) \right| \qquad (1\text{-}49)$$

式中，$\hat{A}'$ 是为了与式（1-42）中单频脉冲雷达波形的模糊函数区分开来，两者的关系为 $\left| \hat{A}'(\tau, f_d) \right| = \left| \hat{A}\left(\tau, f_d + \frac{B}{T_p}\tau \right) \right|$，即两者可以由模糊函数在延时 - 多普勒平面的剪切变换互相转换。线性调频脉冲雷达波形的模糊函数等高线如图 1-15 所示，图中时宽与带宽的积为 $BT_p = 722.4$（与前述 RADARSAT 系统的参数一致）。图 1-15 说明，线性调频脉冲雷达波形的模糊函数呈现出距离 - 多普勒耦合现象[1]。对于运动目标，当存在多普勒频率 f_d 时，式（1-25）的匹配滤波器输出幅度 $y(t) = \alpha \hat{A}'(t - \tau, f_d)$ 的峰值并非出现在 $t = \tau$ 时刻，而是出现在 $t = \tau - \dfrac{f_d T_p}{B}$ 时刻，相应的距离测量误差为 $-\dfrac{c f_d T_p}{2B}$。此外，存在多普勒失配现象，匹配滤波器的峰值幅度也会减小。当 $\tau = 0$ 时，线性调频脉冲雷达的模糊函数幅度 $\left| \hat{A}'(0, f_d) \right|$ 与单频脉冲雷达的模糊函数幅度表达式相同，见式（1-43）。

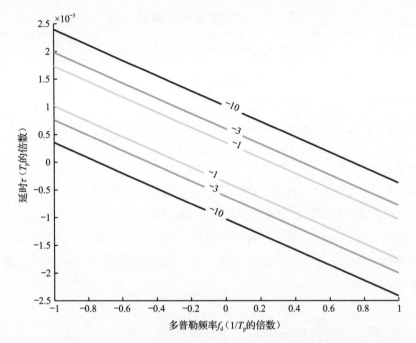

图 1-15　线性调频脉冲雷达波形的模糊函数等高线 /dB

1.4.3　脉冲串雷达波形

1.2 节介绍了相参积累的概念，由多个相参脉冲组成脉冲串，通过脉冲相参积累，可以有效提高雷达检测时的信噪比 χ。脉冲串雷达波形的时域表达式为

$$s_{\mathrm{T}}(t) = \sum_{m=0}^{M-1} s_{\mathrm{p}}(t - mT) \tag{1-50}$$

式中，m 表示第 m 个脉冲；$s_{\mathrm{p}}(t)$ 表示时宽为 T_{p} 的单脉冲的基带波形，单脉冲可以是式（1-20）中的单频脉冲或式（1-44）中的线性调频脉冲等。在以下分析中，假设 $T > 2T_{\mathrm{p}}$，即占空比小于 50%。

与单脉冲雷达类似，脉冲串雷达测距也是通过匹配滤波实现的。首先考虑静止目标的匹配滤波。假设场景中存在一个静止目标，目标散射回波表达式为

$$s_{\mathrm{R}}(t) = \alpha s_{\mathrm{T}}(t - \tau) = \alpha \sum_{m=0}^{M-1} s_{\mathrm{p}}(t - \tau - mT) \tag{1-51}$$

脉冲串雷达波形的匹配滤波通常采用逐个脉冲处理的方式实现。首先

假设 $\tau \leqslant T - T_{\mathrm{p}}$，此时目标对第 m 个脉冲的散射回波 $\alpha s_{\mathrm{p}}(t - \tau - mT)$ 可以在第 m 个脉冲重复间隔内采集到。在每个脉冲重复间隔内用单脉冲的匹配滤波器 $h_{\mathrm{p}}(t)$ 进行滤波，得到

$$y_m(t) = \alpha s_{\mathrm{p}}(t - \tau - mT) * h_{\mathrm{p}}(t) = \alpha C_{\mathrm{p}}(t - \tau - mT) \tag{1-52}$$

式中，$C_{\mathrm{p}}(t)$ 为单脉冲的自相关函数。$y_m(t)$ 的峰值为 $y_m(\tau + mT) = \alpha C_{\mathrm{p}}(0) = \alpha E_{\mathrm{p}}$。对不同脉冲重复间隔内的匹配滤波器输出进行积累，得到

$$z(t) = \sum_{m=0}^{M-1} y_m(t + mT) = \alpha M C_{\mathrm{p}}(t - \tau) \tag{1-53}$$

$z(t)$ 的峰值为 $z(\tau) = \alpha M C_{\mathrm{p}}(0) = \alpha M E_{\mathrm{p}}$，是 $y_m(t)$ 峰值的 M 倍。为了分析脉冲相参积累的信号处理增益，假设接收回波中包含功率谱密度为 σ_w^2 的高斯加性白噪声，根据 1.4.1 节中的推导，单脉冲匹配滤波器输出 $y_m(t)$ 在 $t = \tau + mT$ 处的信噪比为

$$\chi_{\mathrm{p}} = \frac{\left| y_m(\tau + mT) \right|^2}{N_{\mathrm{p}}} = \frac{\left| \alpha \right|^2 E_{\mathrm{p}}}{\sigma_w^2} \tag{1-54}$$

式中，N_{p} 是单脉冲匹配滤波器输出端的噪声方差，参见式（1-29）～式（1-32）。通过不同脉冲间的积累，输出的信号峰值由 $\left| y_m(\tau + mT) \right| = \left| \alpha \right| E_{\mathrm{p}}$ 变为 $z(\tau) = M \left| \alpha \right| E_{\mathrm{p}}$。而不同脉冲内的噪声是各自独立的，积累后的噪声方差变为原来的 M 倍。积累后匹配滤波器输出端的信噪比为

$$\chi = \frac{\left| z(\tau) \right|^2}{M N_{\mathrm{p}}} = \frac{\left| M y_m(\tau + mT) \right|^2}{M N_{\mathrm{p}}} = M \chi_{\mathrm{p}} \tag{1-55}$$

因此，M 个脉冲积累能得到的信号处理增益为 $G_{\mathrm{sp}} = M$。

以上讨论中假设 $\tau \leqslant T$。当 $\tau > T$ 时，脉冲串雷达波形的匹配滤波器输出中会出现距离模糊现象。假设 $\tau = \tau_1 + kT$，k 为非负整数，则目标对第 m 个脉冲的散射回波将在第 $m + k$ 个脉冲重复间隔中被采集到，$m = 0, 1, \cdots, M - k - 1$，此时只有 $M - k$ 个脉冲的散射回波可以在一个相参处理间隔内被采集到。按照逐个脉冲匹配滤波处理流程，式（1-52）变为

$$y_{m+k}(t) = \alpha C_{\mathrm{p}}(t - \tau - mT) = \alpha C_{\mathrm{p}}(t - \tau_1 - (m + k)T) \tag{1-56}$$

式中，$m = 0, 1, \cdots, M - k - 1$，即 $y_m(t)$ 中只有后 $M - k$ 项不为 0。式（1-53）变为

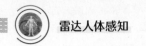

$$z(t) = \sum_{m=0}^{M-1} y_m(t+mT) = \sum_{m=0}^{M-k-1} y_{m+k}(t+(m+k)T) = (M-k)\alpha C_p(t-\tau_1) \qquad (1\text{-}57)$$

式（1-57）说明，延时为 $\tau = \tau_1 + kT$ 的静止目标散射回波的匹配滤波器输出峰值出现在 $t = \tau_1$ 处，并不能反映其真实距离。这意味着匹配滤波器输出中一个距离单元可能对应不止一个真实距离，这就是距离模糊现象。脉冲串雷达的最大无模糊距离为 $R_{ua} = \dfrac{cT}{2}$，当目标场景中目标实际距离范围超过 R_{ua} 时，就会产生距离模糊现象。为了抑制距离模糊现象，可以采用非均匀脉冲串等技术[1]。

在实际信号处理中，接收端采样后的目标散射回波 $s_R(t)$ 是一个离散时间信号。因此，单脉冲的匹配滤波器输出 $y_m(t)$ 也是一个离散时间信号。设在一个脉冲重复间隔内雷达采集了 L 个采样点的数据，采样率为 f_s，采样间隔为 $T_s = 1/f_s$。一个发射脉冲内的采样点 l 对应的维度称为快时间。快时间与距离单元相对应，假设采样率等于带宽，即 $f_s = B$，则第 l 个距离单元的距离为 $r_l = l\dfrac{cT_s}{2} = l\dfrac{c}{2B}$，$l = 0,1,\cdots,L-1$。在一个相参处理间隔内有 M 个脉冲，脉冲数 m 对应的维度称为慢时间。这样，回波信号和匹配滤波器输出都可以被排列成数据矩阵，即 $s_R[l,m] = s_R(lT_s + mT)$，$y[l,m] = y(lT_s + mT)$，其中 $l = 0,1,\cdots,L-1$，$m = 0,1,\cdots,M-1$。图 1-16 为脉冲串雷达波形信号处理流程，其中给出了将雷达接收回波转化为数据矩阵的过程。

以下介绍脉冲串雷达测量运动目标的距离和径向速度的算法。在式（1-38）中，一个隐含的假设是目标在一个脉冲时宽内到雷达的距离 $R(t)$ 变化较小，因此延时 τ 为固定值。而在脉冲串雷达中，在不同脉冲重复间隔内，目标到雷达的距离 $R(t)$ 变化明显，因此式（1-38）不再适用。假设目标做径向匀速运动，即 $R(t) = R_0 + v_r t$，其中 $R_0 = R(0)$ 为目标初始距离，则目标散射回波可以表示为

$$s_R(t) = \sum_{m=0}^{M-1} \alpha s_p\left(t - \frac{2R(t)}{c} - mT\right)\exp\left(-j\frac{4\pi}{\lambda}R(t)\right) \qquad (1\text{-}58)$$

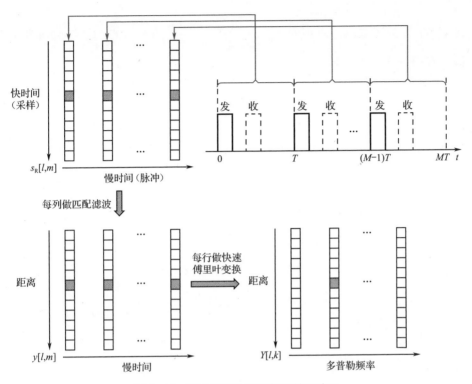

图 1-16　脉冲串雷达波形信号处理流程

在脉冲串雷达波形中，通常采用"走-停"模型刻画运动目标的散射回波。实际目标相对雷达的运动是连续的。而在"走-停"模型中，将目标相对雷达的运动分解成"走"和"停"两种状态。"走"表示雷达不发射脉冲时，目标相对雷达有径向运动；"停"表示雷达发射脉冲时，忽略目标相对雷达的径向运动，因此第 m 个脉冲重复间隔内的目标距离 $R(t)$ 可以近似为恒定值 $R_0 + mv_rT$，有

$$
\begin{aligned}
y_m(t) &\approx \left[\alpha s_p\left(t - \frac{2(R_0 + mv_rT)}{c} - mT \right) \exp\left(-j\frac{4\pi}{\lambda}(R_0 + mv_rT) \right) \right] * h_p(t) \\
&= \alpha C_p\left(t - \frac{2(R_0 + mv_rT)}{c} - mT \right) \exp\left(-j\frac{4\pi}{\lambda}(R_0 + mv_rT) \right)
\end{aligned}
\tag{1-59}
$$

进一步假设目标在一个相参处理间隔内的运动不超过一个距离单元，

即 $Mv_rT < \dfrac{c}{2B}$，此时 $\dfrac{2mv_rT}{c} < \dfrac{1}{B}$，可以认为目标运动引起的延时变化不超

过 $C_p(t)$ 的 3dB 宽度，近似有 $C_p\left(t - \dfrac{2(R_0 + mv_rT)}{c} - mT\right) \approx C_p\left(t - \dfrac{2R_0}{c} - mT\right)$，

因此有

$$y_m(t) \approx \alpha C_p\left(t - \frac{2R_0}{c} - mT\right)\exp\left(-\mathrm{j}\frac{4\pi}{\lambda}(R_0 + mv_rT)\right) \tag{1-60}$$

其峰值位于 $t = \dfrac{2R_0}{c} + mT$ 处，即 $\left|y_m\left(\dfrac{2R_0}{c} + mT\right)\right| = \left|\alpha E_p\exp\left(-\mathrm{j}\dfrac{4\pi}{\lambda}(R_0 + mv_rT)\right)\right| =$

$|\alpha|E_p$。于是 $y[l,m]$ 可以表示为

$$\begin{aligned}
y[l,m] &= y_m\left(\frac{2r_l}{c} + mT\right) \\
&\approx \alpha C_p\left(\frac{2}{c}(r_l - R_0)\right)\exp\left(-\mathrm{j}\frac{4\pi}{\lambda}(R_0 + mv_rT)\right) \\
&= \alpha' C_p\left(\frac{2}{c}(r_l - R_0)\right)\exp(\mathrm{j}m\omega_d)
\end{aligned} \tag{1-61}$$

式中，$\alpha' = \alpha\exp\left(-\mathrm{j}\dfrac{4\pi}{\lambda}R_0\right)$；$\omega_d = 2\pi f_d T = -\dfrac{4\pi v_r T}{\lambda}$ 为归一化多普勒角频率。因此，目标速度估计可以通过离散傅里叶变换（Discrete Fourier Transform，DFT）实现，或者通过快速傅里叶变换（Fast Fourier Transform，FFT）实现，即

$$\begin{aligned}
Y[l,k] &= \sum_{m=0}^{M-1} y[l,m]\exp(-\mathrm{j}m\omega_k) \\
&= \sum_{m=0}^{M-1} \alpha' C_p\left(\frac{2}{c}(r_l - R_0)\right)\exp(\mathrm{j}m\omega_d)\exp(-\mathrm{j}m\omega_k) \\
&= \alpha' C_p\left(\frac{2}{c}(r_l - R_0)\right)\sum_{m=0}^{M-1}\exp(\mathrm{j}m(\omega_d - \omega_k))
\end{aligned} \tag{1-62}$$

式中，$\omega_k = \dfrac{2\pi k}{M}$，$k = -M/2, -M/2+1, \cdots, M/2-1$。其中，求和的结果为如下模糊 sinc 函数。

$$\sum_{m=0}^{M-1}\exp(\mathrm{j}m(\omega_d - \omega_k)) = \frac{\sin(M(\omega_k - \omega_d)/2)}{\sin((\omega_k - \omega_d)/2)}\exp\left(-\mathrm{j}\left(\frac{M-1}{2}\right)(\omega_k - \omega_d)\right) \tag{1-63}$$

因此，$Y[l,k]$ 的幅度为

$$|Y[l,k]| = \left| \alpha C_{\mathrm{p}} \left(\frac{2}{c}(r_l - R_0) \right) \frac{\sin(M(\omega_k - \omega_{\mathrm{d}})/2)}{\sin((\omega_k - \omega_{\mathrm{d}})/2)} \right|$$

$$\approx M \left| \alpha C_{\mathrm{p}} \left(\frac{2}{c}(r_l - R_0) \right) \mathrm{sinc} \left(\frac{M(\omega_k - \omega_{\mathrm{d}})}{2\pi} \right) \right|$$

(1-64)

$Y[l,k]$ 在 $r_l = R_0$、$\omega_k = \omega_{\mathrm{d}}$ 附近取得峰值，峰值为 $M|\alpha|E_{\mathrm{p}}$。相比单脉冲匹配滤波器输出 $y_m(t)$，在慢时间维做 FFT 后信号峰值变为原来信号幅度 $\left| y_m \left(\frac{2R_0}{c} + mT \right) \right| = |\alpha|E_{\mathrm{p}}$ 的 M 倍，信号能量变为原来的 M^2 倍。而不同脉冲的噪声之间是不相关的，则在慢时间维做 FFT 后噪声方差变为原来的 M 倍。因此，在慢时间维做 FFT 后的信噪比变为 $M\chi_{\mathrm{p}}$，与式（1-55）中静止目标相参积累的结果相同。根据式（1-64），可以分析脉冲串雷达波形测量目标距离、速度的分辨率和最大无模糊范围。单脉冲自相关函数 $C_{\mathrm{p}}(t)$ 的 3dB 宽度约为 $\frac{1}{B}$，则距离分辨率为 $\rho_R = \frac{c}{2B}$；如前所述，最大无模糊距离为 $R_{\mathrm{ua}} = \frac{cT}{2}$；模糊 sinc 函数 $\frac{\sin(M(\omega_k - \omega_{\mathrm{d}})/2)}{\sin((\omega_k - \omega_{\mathrm{d}})/2)}$ 的 3dB 宽度约为 $\frac{2\pi}{M}$，则速度分辨率为 $\rho_v = \frac{\lambda}{4\pi T} \frac{2\pi}{M} = \frac{\lambda}{2MT} = \frac{\lambda}{2T_{\mathrm{CPI}}}$；$\omega_k$ 的取值范围为 $-\pi \sim \pi$，因此最大无模糊多普勒频率为 $f_{\mathrm{d,ua}} = \frac{1}{2\pi T}\pi = \frac{1}{2T}$，即无模糊多普勒频率范围为 $-f_{\mathrm{d,ua}} \sim f_{\mathrm{d,ua}}$；最大无模糊速度为 $v_{\mathrm{ua}} = \frac{\lambda}{4T}$，即在不产生速度模糊的条件下，雷达能测量的速度范围为 $-v_{\mathrm{ua}} \sim v_{\mathrm{ua}}$。

1.5 连续波雷达

与脉冲雷达不同，连续波雷达发射和接收的波形不是间歇式的，而是在较长时间范围内分别利用发射天线和接收天线连续发射与接收信号。连续波雷达可以分为单频连续波雷达和调频连续波（Frequency Modulated Continuous Wave，FMCW）雷达，其中单频连续波雷达仅可测速而无法测距，而调频连续波雷达既可测速又可测距。单频连续波雷达、调频连续波雷达的数学表达式与前述单频脉冲雷达、调频脉冲雷达基本一致，仅从发射波形上看，可以将它们视作占空比接近 100% 的脉冲波形的特殊情况。此外，连续波雷达中的带宽、相参处理间隔等基本概念也与脉冲雷达中的相近，这里不再赘述。

1.5.1 单频连续波雷达测量速度的算法

单频连续波雷达发射的波形如式（1-20）所示，形式上与单频脉冲相同，只不过单频连续波雷达可以同时接收和发射信号。假设在一个相参处理间隔内只有一个 chirp，满足 $T_\text{p} = T_\text{CPI}$。在连续波雷达中，目标的距离、多普勒参数主要通过差频获取。将差频表示为 f_b，其为接收信号频率 f_R 与发射信号频率，即 f_T 之差 $f_\text{b}(t) = f_\text{R}(t) - f_\text{T}(t)$。差频信号的形式为

$$s(t) = s_\text{R}(t)s_\text{T}^*(t) \tag{1-65}$$

单频连续波雷达差频信号示意如图 1-17 所示，其中给出了静止目标和运动目标的回波。静止目标的回波为 $s_\text{R}(t) = \alpha \exp(\text{j}2\pi f_0(t-\tau))$，$-\dfrac{T_\text{p}}{2} + \tau \leqslant t \leqslant \dfrac{T_\text{p}}{2} + \tau$，不产生多普勒频率，因此差频为 $f_\text{b} = 0$。对于运动目标，假设目标在径向做匀速运动，目标到雷达的距离为 $R(t) = R_0 + v_\text{r}t$，则目标散射回波的延时为 $\tau = \dfrac{2(R_0 + v_\text{r}t)}{c} = \tau_0 - \dfrac{f_\text{d}}{f_0}t$，其中 $\tau_0 = \dfrac{2R_0}{c}$。则运动目标的回波为

$$\begin{aligned} s_\text{R}(t) &= \alpha \exp(\text{j}2\pi f_0(t-\tau)) \\ &= \alpha \exp(\text{j}2\pi((f_0 + f_\text{d})t - f_0\tau_0)) \end{aligned} \tag{1-66}$$

式中，时间范围为 $-\dfrac{T_\text{p}}{2} + \tau_0 \leqslant t \leqslant \dfrac{T_\text{p}}{2} + \tau_0$。于是差频信号为

$$s(t) = \alpha \exp(\text{j}2\pi(f_\text{d}t - f_0\tau_0)) \tag{1-67}$$

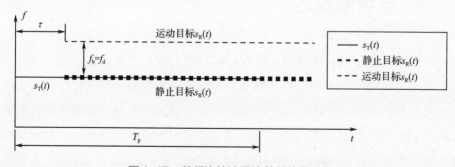

图 1-17　单频连续波雷达差频信号示意

差频信号是一个单频信号，差频等于多普勒频率，即 $f_b = f_d$。对差频信号做傅里叶变换，则频谱会在 f_d 处产生峰值。由于多普勒频率 $f_d = -2v_r/\lambda$ 与径向速度 v_r 成正比，因此差频信号的频谱可表征目标的速度分布。无论是对静止目标还是对运动目标而言，回波的差频都无法反映回波的延时，因此单频连续波雷达通常只能被用于测速，而不能用于测距[5-10]。

1.5.2　单 chirp 调频连续波雷达测量距离与速度的算法

使用调频连续波可以有效解决单频连续波不能测距的问题。单 chirp 调频连续波雷达测量静止目标距离的原理如图 1-18 所示。在一个相参处理间隔中包含一个 up-chirp 阶段和一个 down-chirp 阶段，设它们的长度均为 $T_p = T_{CPI}/2$。首先考虑静止目标，接收信号与发射信号之间的延时导致两者之间存在频率差。以 up-chirp 阶段为例，差频信号的表达式为

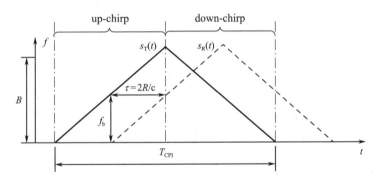

图 1-18　单 chirp 调频连续波雷达测量静止目标距离的原理

$$s(t) = s_R(t)s_T^*(t)$$
$$= \alpha \exp\left(j2\pi\left(f_0(t-\tau) + \frac{1}{2}\gamma(t-\tau)^2 \right) \right)\exp\left(-j2\pi\left(f_0 t + \frac{1}{2}\gamma t^2 \right) \right) \quad (1\text{-}68)$$
$$= \alpha \exp\left(j2\pi\left(-\gamma\tau t - f_0\tau + \frac{1}{2}\gamma\tau^2 \right) \right)$$

式中，时间范围为 $-\dfrac{T_p}{2} + \tau \leqslant t \leqslant \dfrac{T_p}{2}$。因此，在 up-chirp 阶段，差频信号是一个单频信号，差频为 $f_b = -\gamma\tau$，其中 $\gamma = B/T_p$ 为调频率（图 1-18 中 up-chirp 阶段的斜率）。通过对差频信号做傅里叶变换，可以估计出差频 f_b，据此计算出目

标到雷达的距离为

$$R = -\frac{cT_{\mathrm{p}}f_{\mathrm{b}}}{2B} \qquad (1\text{-}69)$$

1.4 节讨论了脉冲雷达中匹配滤波与模糊函数的关系。线性调频脉冲雷达波形的模糊函数幅度已在式（1.49）中给出。当场景中只有单个静止目标时，差频信号为 $s(t) = s_{\mathrm{R}}(t)s_{\mathrm{T}}^*(t) = \alpha s_{\mathrm{T}}(t-\tau)s_{\mathrm{T}}^*(t)$，因此差频信号的傅里叶变换为

$$S(f_{\mathrm{b}}) = \alpha \int_{-\infty}^{\infty} s_{\mathrm{T}}(t-\tau)s_{\mathrm{T}}^*(t)\exp(-\mathrm{j}2\pi f_{\mathrm{b}}t)\mathrm{d}t = \alpha \hat{A}^*(\tau, f_{\mathrm{b}}) \qquad (1\text{-}70)$$

式中，$\hat{A}(\tau, f_{\mathrm{b}})$ 为线性调频信号的模糊函数。这说明差频信号的傅里叶变换形式与模糊函数有关，而模糊函数可以视作匹配滤波的推广。因此，调频连续波雷达测距算法的本质也是匹配滤波，只不过这里的匹配滤波是通过差频信号的傅里叶变换实现的。根据式（1-49），对于固定的延时 τ，式（1-70）中的 $|S(f_{\mathrm{b}})|$ 在 $f_{\mathrm{b}} = -\gamma\tau = -\dfrac{B}{T_{\mathrm{p}}}\dfrac{2R}{c}$ 处取最大值，这与式（1-69）的结果相同。

当目标有径向运动时，目标的回波在产生延时 τ 的同时，也产生多普勒频率 $f_{\mathrm{d}} = -\dfrac{2v_{\mathrm{r}}}{\lambda}$。与 1.5.1 节相同，假设目标在径向做匀速运动，目标到雷达的距离为 $R(t) = R_0 + v_{\mathrm{r}}t$，则目标散射回波的延时为 $\tau = \dfrac{2(R_0 + v_{\mathrm{r}}t)}{c} = \tau_0 - \dfrac{f_{\mathrm{d}}}{f_0}t$。将其代入式（1-68），并忽略二次相位项的变化，得到 up-chirp 阶段的差频信号表达式为

$$
\begin{aligned}
s(t) &= \alpha \exp\left(\mathrm{j}2\pi\left(-\gamma\tau t - f_0\tau + \frac{1}{2}\gamma\tau^2 \right) \right) \\
&= \alpha \exp\left(\mathrm{j}2\pi\left(-\gamma\left(\tau_0 - \frac{f_{\mathrm{d}}}{f_0}t\right)t - f_0\left(\tau_0 - \frac{f_{\mathrm{d}}}{f_0}t\right) + \frac{1}{2}\gamma\left(\tau_0 - \frac{f_{\mathrm{d}}}{f_0}t\right)^2 \right) \right) \\
&\approx \alpha \exp\left(\mathrm{j}2\pi\left((f_{\mathrm{d}} - \gamma\tau_0)t - f_0\tau_0 + \frac{1}{2}\gamma\tau_0^2 \right) \right)
\end{aligned}
\qquad (1\text{-}71)
$$

即差频信号为单频信号，频率为 $f_{\mathrm{b}} = f_{\mathrm{d}} - \gamma\tau_0$。

单 chirp 调频连续波雷达收发信号与差频信号的时频分布如图 1-19 所示。此时，式（1-70）变为 $S(f_{\mathrm{b}}) = \sigma \hat{A}^*(\tau_0, f_{\mathrm{b}} - f_{\mathrm{d}})$，峰值出现在 $f_{\mathrm{b}} = f_{\mathrm{d}} - \gamma\tau_0$ 处，则式（1-69）不再成立，不能仅通过 up-chirp 阶段的 $S(f_{\mathrm{b}})$ 实现测距。此

时，可以综合 up-chirp 阶段和 down-chirp 阶段的差频信号测量目标的径向速度与距离。在图 1-19（a）中，up-chirp 阶段的差频为 $f_{\mathrm{R}}(t) - f_{\mathrm{T}}(t) = f_1$，满足 $f_1 = f_{\mathrm{d}} - \gamma\tau_0$；down-chirp 阶段的差频为 $f_{\mathrm{R}}(t) - f_{\mathrm{T}}(t) = f_2$，满足 $f_2 = f_{\mathrm{d}} + \gamma\tau_0$，因此有 $f_1 + f_2 = 2f_{\mathrm{d}}$。则可估计目标的径向速度为

$$v_{\mathrm{r}} = -\frac{\lambda}{2}f_{\mathrm{d}} = -\frac{\lambda(f_1 + f_2)}{4} \tag{1-72}$$

在图 1-19（b）中，差频信号的两个拐点的坐标满足 $2\gamma\tau = \Delta f = f_2 - f_1$，因此可以计算出运动目标的距离为

$$R_0 = \frac{cT_{\mathrm{p}}(f_2 - f_1)}{4B} \tag{1-73}$$

当目标静止时，有 $f_1 = -f_2 = f_{\mathrm{b}}$，则式（1-73）与式（1-69）相同。

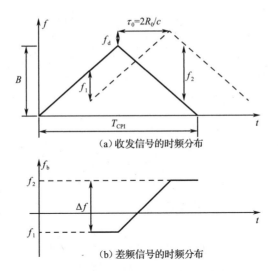

(a) 收发信号的时频分布

(b) 差频信号的时频分布

图 1-19　单 chirp 调频连续波雷达收发信号与差频信号的时频分布

需要说明的是，以上分析仅涉及一个目标。在式（1-72）和式（1-73）中，测量运动目标的径向速度与距离时需要同时用到 up-chirp 阶段和 down-chirp 阶段的差频信号。这是因为线性调频脉冲雷达波形的距离 - 多普勒耦合、延时（或目标距离）和多普勒频率（或目标径向速度）都会产生接收信号与发射信号的差频。图 1-20 是"距离 - 速度"平面示意。在图 1-20（a）中，单个 up-chirp 阶段和单个 down-chirp 阶段的差频 f_{b} 只能各自给出"距离 - 速度"平面内的一条测量直线，只有结合两条测量直线才能确定唯一的交点。然而，当场景中

存在多个目标时，up-chirp 阶段和 down-chirp 阶段的测量直线在"距离 - 速度"平面内会产生多个交点，除了目标真实的运动状态，还有"鬼像"。例如，在图 1-20（b）的 4 个交点中，只有两个为真实目标[7]。

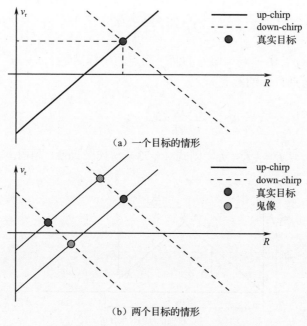

（a）一个目标的情形

（b）两个目标的情形

图 1-20　"距离 - 速度"平面示意

1.5.3　快速 chirp 雷达测量距离与速度的算法

快速 chirp 的调频体制是一种应用广泛的雷达波形，其特点是在一个相参处理间隔内有多个 chirp 信号，很好地解决了单 chirp 调频连续波雷达观测多个目标时出现的"鬼像"问题[7]。快速 chirp 信号的波形及处理流程如图 1-21 所示，它包含一组 up-chirp 信号。chirp 重复的间隔称为扫频重复间隔（Chirp Repetition Interval，CRI），记为 T，其倒数称为扫频重复频率（Chirp Repetition Frequency，CRF），记为 f_{CRF}。与脉冲串雷达类似，可以将快速 chirp 雷达采集的差频信号排列为数据矩阵。在一个 chirp 内的采样点对应的维度称为快时间，采样间隔为 $T_s = 1/f_s$，f_s 为采样率，设每个 chirp 内的采样点数为 N，满足 $T = NT_s$；不同 chirp 对应的维度称为慢时间，设每个相参处理间隔内的 chirp 数为 M，满足 $T_{CPI} = MT$。这样，时间 t 可以表示为 $t = mT + t_n = mT + (n - N/2)T_s$，$m = 0, 1, \cdots, M - 1$，$n = 0, 1, \cdots, N - 1$，差频信号可以排列为数据矩阵 $s[n, m] = s_m(t_n) = s(mT + t_n)$。

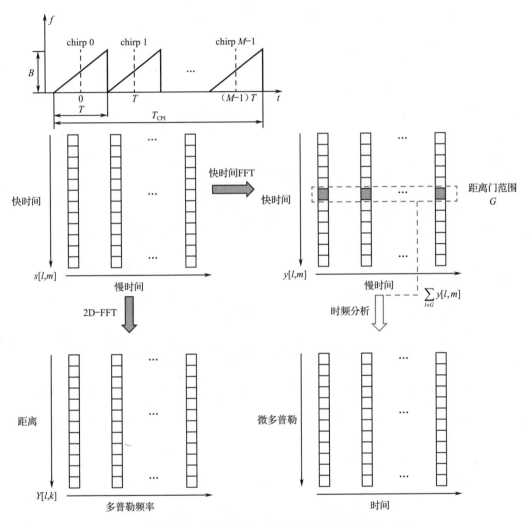

图 1-21　快速 chirp 信号的波形及处理流程

与 1.5.2 节中 up-chirp 阶段的推导类似，假设目标以恒定的径向速度 v_r 运动，目标到雷达的距离为 $R(t) = R_0 + v_r t$，延时为 $\tau = \dfrac{2(R_0 + v_r t)}{c} = \tau_0 - \dfrac{f_d}{f_0}(mT + t_n)$，

其中 $\tau_0 = \dfrac{2R_0}{c}$。则第 m 个 chirp 中差频信号的表达式变为

$$s_m(t_n) \approx \alpha \exp\left(j2\pi\left(-\gamma\tau t_n - f_0\tau + \frac{1}{2}\gamma\tau^2 \right) \right) \tag{1-74}$$

假设目标在一个相参处理间隔内的运动不超过一个距离单元，即 $Mv_r T < \dfrac{c}{2B}$，则在 $\gamma\tau t_n$ 和 $\dfrac{1}{2}\gamma\tau^2$ 两项中可以近似认为 $R(t) \approx R_0$ 或 $\tau \approx \tau_0$，于是有

$$s_m(t_n) \approx \alpha \exp\left(j2\pi\left(-\gamma\tau_0 t_n - f_0\left(\tau_0 - \frac{f_d}{f_0}(mT + t_n) \right) + \frac{1}{2}\gamma\tau_0^2 \right) \right) \tag{1-75}$$

$$\approx \alpha' \exp(j2\pi((f_d - \gamma\tau_0)t_n + f_d mT))$$

式中，$\alpha' = \alpha \exp\left(j2\pi\left(-f_0\tau_0 + \dfrac{1}{2}\gamma\tau_0^2 \right) \right)$；快时间取值范围为 $-\dfrac{T}{2} + \tau_0 \leq t_n \leq \dfrac{T}{2}$。与脉冲串雷达类似，快速 chirp 雷达的最大无模糊多普勒频率 $f_{d,ua} = \dfrac{1}{2T}$ 取决于扫频重复间隔。如果目标的多普勒频率为 $-f_{d,ua} \sim f_{d,ua}$，则有 $|f_d| \leq \dfrac{1}{2T} = \dfrac{1}{2}\dfrac{2B}{cT}\dfrac{c}{2B} = \dfrac{1}{2}\dfrac{2B}{cT}\rho_R$，这说明差频 $f_b = f_d - \dfrac{2B}{cT}R_0$ 主要受距离 $R_0 = \dfrac{c\tau_0}{2}$ 的影响，而多普勒频率对差频的影响小于一个距离单元对差频的影响。因此，可以认为，在快时间维做傅里叶变换，就得到了目标距离像信号 $y_m(R)$，表达式为

$$y_m(R) = \int_{-\frac{T}{2}+\tau_0}^{T/2} s_m(t_n) \exp\left(j\frac{4\pi B}{cT}R t_n \right) dt_n \tag{1-76}$$

在快速 chirp 体制中，差频信号的采样率通常远小于 chirp 信号的带宽，即 $f_s \ll B$。当不产生距离模糊时，差频满足 $f_b \leq f_s$，最大无模糊距离为 $R_{ua} = \dfrac{cTf_s}{2B} \ll \dfrac{cT}{2}$，则有 $\tau_0 = \dfrac{2R_0}{c} \ll T$。因此，在计算式（1-76）的积分时，可以近似认为式（1-75）成立的时间范围为 $-T/2 \leq t_n \leq T/2$。由此得到目标距离像信号 $y_m(R)$ 的表达式为

$$y_m(R) \approx \int_{-T/2}^{T/2} \alpha' \exp(j2\pi((f_d - \gamma\tau_0)t_n + f_d mT)) \exp\left(j\frac{4\pi B}{cT}R t_n \right) dt_n \tag{1-77}$$

$$= \alpha' \mathrm{sinc}\left(\frac{2B}{c}(R - (R_0 + \Delta R)) \right) \exp(j2\pi f_d mT)$$

式中，$\Delta R = -\dfrac{cT}{2B}f_d$ 为多普勒频率造成的距离测量误差。当不产生速度模糊时，

$|\Delta R| \leqslant \frac{1}{2}\rho_R$，可以近似认为 $R_0 + \Delta R \approx R_0$，而目标运动对差频的影响主要体现在多个慢时间单元之间的相位 $\exp(\mathrm{j}2\pi f_\mathrm{d} mT)$ 上。在实际的信号处理中，可以对 $s[n,m]$ 在快时间维做 FFT，得到距离-慢时间信号 $y[l,m]$，将距离 R 离散化为 L 个距离单元 $r_l = \frac{l}{L}R_\mathrm{ua}$，$l = 0, 1, \cdots, L-1$，表达式为

$$y[l,m] = y_m(r_l) \approx \alpha' \mathrm{sinc}\!\left(\frac{2B}{c}(r_l - R_0)\right)\exp(\mathrm{j}m\omega_\mathrm{d}) \tag{1-78}$$

式中，$\omega_\mathrm{d} = 2\pi f_\mathrm{d} T = -\dfrac{4\pi}{\lambda}v_\mathrm{r}T$ 为归一化多普勒角频率。多普勒频率估计的后续推导与 1.4.3 节中的相同。在慢时间维做 FFT，得到距离-多普勒谱为

$$
\begin{aligned}
Y[l,k] &= \sum_{m=0}^{M-1} y[l,m]\exp(-\mathrm{j}m\omega_k)\\
&= \alpha' \mathrm{sinc}\!\left(\frac{2B}{c}(r_l - R_0)\right)\sum_{m=1}^{M-1}\exp(\mathrm{j}m(\omega_\mathrm{d} - \omega_k))\\
&= \alpha' \mathrm{sinc}\!\left(\frac{2B}{c}(r_l - R_0)\right)\frac{\sin(M(\omega_k - \omega_\mathrm{d})/2)}{\sin((\omega_k - \omega_\mathrm{d})/2)}\exp\!\left(-\mathrm{j}\!\left(\frac{M-1}{2}\right)(\omega_k - \omega_\mathrm{d})\right)
\end{aligned}
\tag{1-79}
$$

其幅度近似为

$$|Y[l,k]| \approx \left| M\alpha\,\mathrm{sinc}\!\left(\frac{2B}{c}(r_l - R_0)\right)\mathrm{sinc}\!\left(\frac{M(\omega_k - \omega_\mathrm{d})}{2\pi}\right)\right| \tag{1-80}$$

距离-多普勒谱表征了目标的距离、径向速度分布，其峰值出现在 $r_l = R_0$、$\omega_k = \omega_\mathrm{d}$ 处。

单个运动目标的距离-多普勒谱仿真如图 1-22 所示。在仿真中，雷达载频为 24GHz，波长约为 1.25cm。目标在径向做简谐运动（这里雷达只反映目标的径向运动，目标实际运动状态也可以是匀速圆周运动等曲线运动），目标距离、径向速度分别为 $R(t) = R_0 + R_1\sin(\omega t)$，$v_\mathrm{r}(t) = \omega R_1\cos(\omega t)$，其中目标运动的起始距离为 $R_0 = 10\mathrm{m}$，幅度为 $R_1 = 0.4\mathrm{m}$，角速度为 $\omega = \pi\,\mathrm{rad/s}$，最大径向速度为 $\omega R_1 = 0.4\pi \approx 1.26\mathrm{m/s}$，最大多普勒频率约为 201Hz。由于目标的运动状态满足方程 $(R(t) - R_0)^2 + (v_\mathrm{r}(t)/\omega)^2 = R_1^2$，因此目标的距离-多普勒谱近似为一个椭圆，如图 1-22 中的蓝色实线所示。不同运动状态的目标会在距离-多普勒平面留下不同的轨迹，因此距离-多普勒谱可用于识别目标的不同运动状态，

如识别人体不同的手势、步态等。

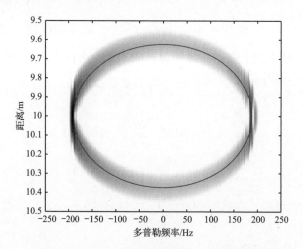

图 1-22　单个运动目标的距离－多普勒谱仿真

1.5.4　快速 chirp 雷达微多普勒测量的算法

除了目标整体运动导致的多普勒频率，由于各部分的运动状态不同，人体等复杂目标还会产生微多普勒。例如，人体四肢运动、呼吸、心跳等都会产生微多普勒[15]。下面介绍利用快速 chirp 波形测量微多普勒的处理流程。首先根据式（1-76）对数据矩阵 $s[n,m]$ 沿快时间维做 FFT，得到距离－慢时间信号 $y[l,m]$。由于目标整体位于某一距离范围内，因此微多普勒分析的输入 $\hat{s}(t)$ 可以是一个或若干个距离门内的慢时间信号，即

$$\hat{s}(mT) = \sum_{l \in G} y[l,m] \qquad (1\text{-}81)$$

式中，G 为选定的距离门范围。对一维时序信号 $\hat{s}(t)$ 做时频分析，即得到时频图，可以反映多普勒频率随时间变化的规律。常用的时频分析工具有短时傅里叶变换（Short-Time Fourier Transform，STFT）、维格纳－威利分布（Wigner-Ville Distribution，WVD）、科恩（Cohen）类等[10-14]。

以 STFT 为例，微多普勒谱可获取如下。

$$\text{STFT}_{\hat{s}}(t, f_\text{d}) = \int_{-\infty}^{+\infty} \hat{s}(t') w(t' - t) \exp(-\text{j}2\pi f_\text{d}t') \text{d}t' \qquad (1\text{-}82)$$

式中，$w(t)$ 是某一窗函数（如矩形窗、Hamming 窗等）。STFT 就是用一个滑

动窗截取信号，对窗内信号做傅里叶变换，即可得到随时间窗滑动变化的频率分布，也就是目标的时频图。滑动窗的窗长设置会影响时频分辨率，窗长越长，时间分辨率 ρ_t 越低，频率分辨率 ρ_{f_d} 越高。时频分辨率的关系满足[14]

$$\rho_t \rho_{f_d} \geq \frac{1}{4\pi} \qquad (1\text{-}83)$$

这就是 STFT 的不确定性关系，说明高时间分辨率与高频率分辨率不能兼顾。不同窗长下 STFT 计算得到的时频图如图 1-23 所示，其中窗长分别为 64、128 和 512，慢时间采样间隔均为 1ms。在仿真中，雷达载频为 24GHz，波长约为 1.25cm。目标在 4s 内做了一次匀速折返运动，径向速度为 1m/s。在前 2s 中，目标匀速远离雷达，多普勒频率为 $f_d = -160\text{Hz}$；在后 2s 中，目标匀速接近雷达，多普勒频率为 $f_d = 160\text{Hz}$。当窗长为 64 时，时频图上的条带在多普勒频率维较宽，说明频率分辨率较低，但是两个条带在时间维几乎没有重叠，说明时间分辨率较高。当窗长为 512 时，尽管两个条带在多普勒频率维较窄，即频率分辨率较高，但是两个条带在时间维明显重叠，说明时间分辨率较低。当窗长为 128 时，时频图的时频分辨率介于上述两者之间。

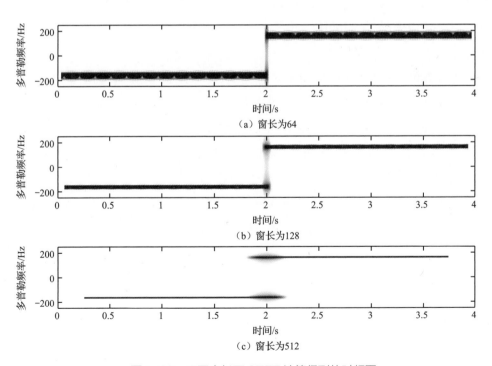

图 1-23 不同窗长下 STFT 计算得到的时频图

WVD 是另一种重要的时频分析工具，其表达式为

$$\mathrm{WVD}_{\hat{s}}(t, f_\mathrm{d}) = \int_{-\infty}^{+\infty} \hat{s}\left(t + \frac{t'}{2}\right) \hat{s}^*\left(t - \frac{t'}{2}\right) \exp(-\mathrm{j}2\pi f_\mathrm{d} t') \mathrm{d}t' \qquad (1\text{-}84)$$

WVD 的物理含义是瞬时自相关函数 $\hat{s}\left(t + \dfrac{t'}{2}\right)\hat{s}^*\left(t - \dfrac{t'}{2}\right)$ 的傅里叶变换，因此 WVD 的幅度具有能量谱的含义，表征了信号 $\hat{s}(t)$ 的能量在时间、频率两个维度上的分布。

下面用仿真实验展示 STFT 和 WVD 的时频分析结果，如图 1-24 所示。在仿真中，雷达载频为 24GHz，波长约为 1.25cm。在图 1-24（a）～（c）中，目标在径向做简谐振动。与 1.5.3 节相同，目标距离、径向速度分别为 $R(t) = R_0 + R_1 \sin(\omega t)$，$v_\mathrm{r}(t) = \omega R_1 \cos(\omega t)$，其中目标运动的起始距离为 $R_0 = 10\mathrm{m}$，幅度为 $R_1 = 0.4\mathrm{m}$，角速度为 $\omega = \pi\,\mathrm{rad/s}$，最大径向速度为 $\omega R_1 = 0.4\pi \approx 1.26\mathrm{m/s}$，最大多普勒频率约为 201Hz。从图中可以看出，目标距离、多普勒频率均为时间的正弦函数。在图 1-24（d）～（f）中，目标在径向做匀速折返运动。目标初始距离为 $R_0 = 8\mathrm{m}$，径向速度为 1m/s。在前 2s 中，目标匀速远离雷达，多普勒频率为 $f_\mathrm{d} = -160\mathrm{Hz}$；在后 2s 中，目标匀速接近雷达，多普勒频率为 $f_\mathrm{d} = 160\mathrm{Hz}$。由于在两段运动中目标速度保持不变，因此在时频图中出现了两个水平的条带。

STFT 和 WVD 在实际应用中各有优缺点。STFT 使用时频基函数与信号计算内积，是一种线性变换，物理意义比较明确，不足之处在于时频分辨率相互限制；WVD 是一种非线性变换，没有 STFT 等线性变换中的时频分辨率限制，但不足之处在于对多分量信号进行分析时存在交叉项，这种交叉项可以用 Cohen 类算法（带有低通滤波器的 WVD）来抑制 [14]。时频分析有望提取目标精细的运动信息。例如，在人体感知应用中，当人面朝雷达站立时，人体的四肢、胸廓几乎处于同一个距离单元内，根据距离上的变化很难分析人体各部分的运动，但通过时频分析能够感知到人体的四肢运动、呼吸、心跳等产生的微多普勒 [15]。

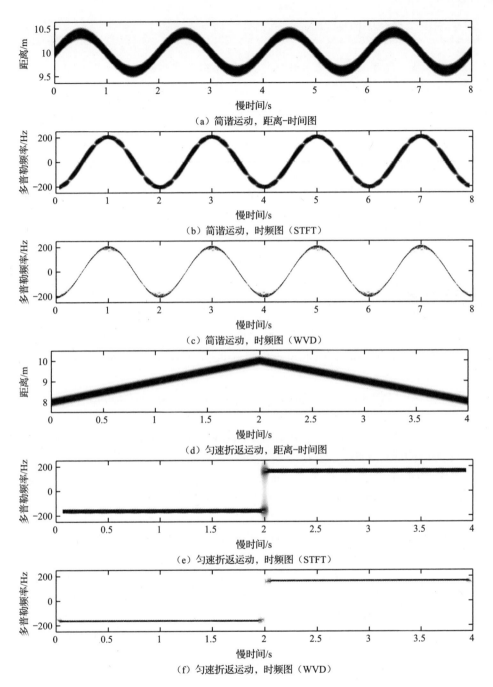

（a）简谐运动，距离-时间图

（b）简谐运动，时频图（STFT）

（c）简谐运动，时频图（WVD）

（d）匀速折返运动，距离-时间图

（e）匀速折返运动，时频图（STFT）

（f）匀速折返运动，时频图（WVD）

图 1-24　STFT 和 WVD 的时频分析结果

本章小结

　　本章介绍了雷达的基础知识。1.1 节介绍了雷达的概念和基本组成。1.2 节介绍了雷达方程，这是雷达系统设计和分析的理论基础。1.3 节介绍了雷达测距、雷达测速、雷达测角的基本原理，给出了雷达测量分辨率和测量精度的表达式。1.4 节和 1.5 节介绍了雷达常用的波形，包括单脉冲（单频脉冲、调频脉冲）雷达波形、脉冲串雷达波形和连续波（单频连续波、调频连续波）雷达波形，并介绍了不同波形下雷达信号处理的原理和流程，以及获得距离 - 多普勒谱、提取时频图的典型方法。

参考文献

[1] MARK A R. Fundamentals of radar signal processing[M]. New York: McGraw-Hill Education, 2014.

[2] WOODMAN R F. Coherent radar imaging: signal processing and statistical properties[J]. Radio Science, AGU, 1997, 32(6): 2373-2391.

[3] CUMMING I G, WONG F H. Digital processing of synthetic aperture radar data[M]. Boston: Artech House, 2005.

[4] SKOLNIK M I. Theoretical accuracy of radar measurements[J]. IRE Transactions on Aeronautical and Navigational Electronics, 1960, ANE-7(4): 123-129.

[5] 保铮，邢孟道，王彤 . 雷达成像技术 [M]. 北京：电子工业出版社，2005.

[6] BLUNT S D, MOKOLE E L. Overview of radar waveform diversity[J]. IEEE Aerospace and Electronic Systems Magazine, 2016, 31(11): 2-42.

[7] ROHLING H, KRONAUGE M. Continuous waveforms for automotive radar systems[M]. Waveform Design and Diversity for Advanced Radar Systems. London: Institution of Engineering and Technology, 2012: 173-205.

[8] PATOLE S M, TORLAK M, WANG D, et al. Automotive radars: a review of signal processing techniques[J]. IEEE Signal Processing Magazine, 2017, 34(2): 22-35.

[9] ZHOU T, YANG M, JIANG K, et al. MMW radar-based technologies in autonomous driving: a review[J]. Sensors, 2020, 20(24): 7283.

[10] PIPER S O. Continuous wave radar[M]. New York: SciTech Publishing, 2014: 16-85.

[11] WINKLER V. Range Doppler detection for automotive FMCW radars[C]// European

Radar Conference, November 10-12, 2007, Munich, Germany. IEEE, 2007: 166-169.

[12] JOKANOVIĆ B, AMIN M. Fall detection using deep learning in range-Doppler radars[J]. IEEE Transactions on Aerospace and Electronic Systems, 2017, 54(1): 180-189.

[13] COHEN L. Time-frequency analysis[M]. New Jersey: Prentice Hall, 1995.

[14] 张旭东 . 现代信号分析和处理 [M]. 北京：清华大学出版社，2018.

[15] CHEN V C, LI F, HO S S, et al. Micro-Doppler effect in radar: phenomenon, model, and simulation study[J]. IEEE Transactions on Aerospace and Electronic Systems, 2006, 42(1): 2-21.

雷达肢体行为识别方法

　　步态、坐、立等人体全身尺度的肢体行为能够反映人的生活状态、行为意图等信息，并可以作为特征用于身份辨识。识别人体肢体行为在军事安防、智能家居、老人监护等领域具有重要价值[1]。相比视觉、红外等感知手段，雷达感知具有不易受光线和湿度等环境因素影响、隐私泄露风险小等优势。

　　雷达感知肢体行为主要依靠微动信号分析[2]。与进动的弹头、转动的螺旋桨和涡轮风扇等人造目标不同，肢体行为包含数十个自由度，其运动呈现多样、不规则的特点，难以使用简单的数学模型进行描述，这给雷达肢体行为识别带来了特殊的挑战。

　　早期的雷达肢体行为识别方法由微多普勒特征提取和分类器设计两部分构成。微多普勒特征提取通常在时频域进行，这需要借助时频变换工具把原始的时域信号变换到时频域。常用的时频分析工具包括 STFT、WVD、Cohen 类变换、小波分解、基信号分解等[3]。在获得时频域信号之后，存在两种常见的微多普勒特征提取方法。一种是经验特征提取方法，根据目标运动的物理特性，从其时域数据、频域数据或时频域数据中提取有一定物理意义的特征，如信号周期、多普勒带宽、时频分布规律等。这种方法的优点是特征可解释性强，但需要针对不同的应用场景提取不同的微多普勒特征，通用性有限。另一种是数据降维特征提取方法，利用主成分分析（Principal Component Analysis, PCA）、随机森林等对时频图进行压缩降维，再使用降维后的数据作为微多普勒特征。这种方法通用性强，但对训练样本数量有较高的要求。在提取微多普勒特征之后，可以把微多普勒特征输入分类器实现行为识别。常用分类器主要包括 k- 最近邻分类器、支持向量机分类器、贝叶斯分类器、神经网络分类器等[4]。需要指出的是，微多普勒特征提取和分类器设计这两部分共同决定了肢体行为识别的性能。大量公开文献表明，不同的微多普勒特征提取方法、不同的分类器及两者的不同组合在不同的应用场景中各有优势。

近年来，深度学习算法凭借其在图像、自然语言处理等领域表现出的显著优势，逐渐被应用于雷达肢体行为识别，实现了端到端的训练和识别。在 Kim 等的早期工作中，雷达数据时频图被输入卷积神经网络（Convolutional Neural Network，CNN），实现了人体动作识别[5]。随着研究的深入，结构更加复杂的 CNN 模型、更善于表征长程时间相关性的循环神经网络（Recurrent Neural Network，RNN）模型及利用 CNN 提取局部特征后再通过 RNN 进行序列建模的混合模型也被应用于人体动作识别。另外，由于雷达人体微动数据难以在短时间内形成大规模数据集，深度学习模型的过拟合风险较高，有学者借助光学图像分类任务中常用的迁移学习[6]、模拟数据预训练[7]及自编码器预训练[8]等方法缓解了这一问题。

关于人体肢体行为识别算法的输入信号，除了使用雷达数据时频图，还可以使用时间－距离像，或者综合使用"距离－多普勒－时间"（Range-Doppler-Time, RDT）体块等。一种直接的思路是处理 RDT 体块[9]，其损失信息最少，但存储和计算的开销较大。另一种思路是提取 RDT 体块中的主要信息，如将 RDT 体块表示为稀疏的点云[7]，或者提取距离－多普勒谱沿时间变化的主要路径[10]等。Jokanović 等将时间－距离像和时频图作为 RDT 体块的二维切片送入深度神经网络中进行跌倒检测，在保证计算复杂度较低的同时，还保证了识别性能优于单独使用其中任意一种输入的情形[8]。

此外，采用双 / 多基地雷达从多视角观测人体目标，也有助于提升人体肢体行为识别性能。雷达微多普勒信号受人体运动方向和雷达视线（Line Of Sight，LOS）方向的夹角影响较大。在使用单发单收的单基地雷达时，由于单基地雷达仅能获取目标的径向（沿 LOS 方向）微动信息，当人体运动方向与

LOS 方向的夹角接近 90°时，肢体识别性能将显著下降[11]。双 / 多基地雷达可以从具有明显差异的角度对人体目标进行同时观测，在降低人体运动方向与 LOS 方向夹角过大引起的负面效应的同时，还提供了更全面的人体运动信息。因此，将双 / 多基地雷达各接收通道的数据进行有效融合，可以有效提升肢体行为识别性能[11]。从融合层次的角度分类，可将融合算法分为数据融合、特征融合和决策融合 3 个层次。Karabacak 等在基于视频动作捕捉生成的仿真数据上进行了多通道人体微动时频图的融合[12]，这属于数据融合。Fioranelli 等从多通道的若干人工设计特征中筛选出用于分类的 3 个特征[13]；Özcan 等使用 PCA 融合来自多通道的微动特征[14]，这些属于特征融合。伦敦大学学院的 Griffiths 研究组利用 NetRAD 多基地雷达系统各节点识别结果的融合进行了持枪 / 不持枪的人体步态识别研究[15]，这属于决策融合。

2.1 基于单基地雷达时频特征的步态识别

2.1.1 人体步态数据采集实验

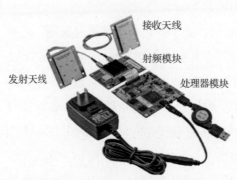

图 2-1 雷达组成部分示意

本节实验使用美国 Ancortek 公司生产的 K 波段连续波雷达采集人体步态雷达回波数据，雷达组成部分示意如图 2-1 所示。雷达型号为 SDR-KIT 2500B，为单发单收单基地连续波雷达。雷达载波频率为 $f_0 = 25\text{GHz}$，可观测到的最大无模糊多普勒频率为 $\pm 1\text{kHz}$，对应的径向运动最大无模糊速度约为 $\pm 6\text{m/s}$，该无模糊速度区间能够覆盖一般情况下的人体正常走路速度。

人体步态分类识别实验场景如图 2-2 所示。受试者模拟机场、火车站等场景中 3 类常见的行人步态，分别是：①行走时不带任何箱包；②行走时一只手推行李箱，另一只手不带任何箱包；③行走时一只手推行李箱，另一只手携带一个手提包。以上 3 种步态分别记为步态 A、步态 B 和步态 C，如图 2-3 所示。实验中所用手提包尺寸为 0.2m×0.4m×0.1m，质量为 3kg；所用行李箱尺寸为 0.4m×0.5m×0.2m，质量为 10kg。参与本实验的受试者共 5 人（3 男 2 女），每名受试者完成每个步态动作 20 次，雷达测量 3 种步态共采集得到 300 组人体步态数据。

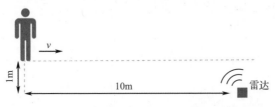

图 2-2　人体步态分类识别实验场景

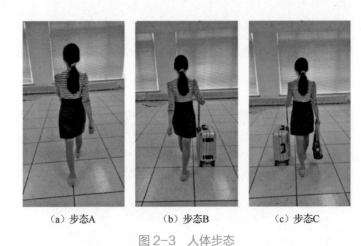

（a）步态A　　　　　　（b）步态B　　　　　　（c）步态C

图 2-3　人体步态

2.1.2　雷达数据时频变换

本节利用 STFT 获得 3 种人体步态的时频图，如图 2-4 所示。从图中可以清晰地观察到人体躯干部分运动引起的主多普勒分量（主要在红框内）及手臂、腿部摆动引起的微多普勒分量（主要在红框外）。3 种步态在重复周期、正负最大多普勒频率、对称性等方面存在明显差异，这为下文选取微多普勒经验特征提供了启示。需要说明的是，图 2-4 中有轻微的频率"镜像"现象，这是由所用雷达设备 I/Q 通道不平衡导致的。考虑到该现象并不严重，这里并未采取对应的抑制措施。

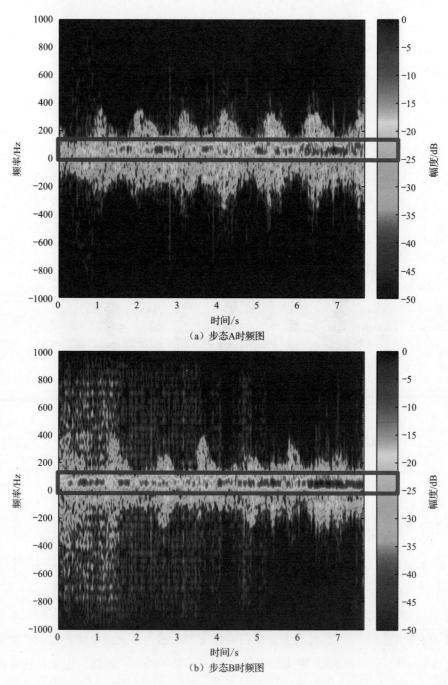

（a）步态A时频图

（b）步态B时频图

图2-4　3种人体步态的时频图

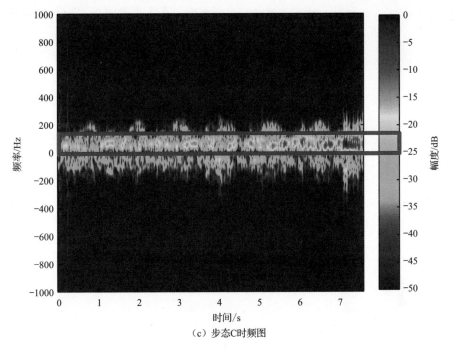

（c）步态C时频图

图2-4 3种人体步态的时频图（续）

2.1.3 微多普勒经验特征提取

受公开文献中微多普勒经验特征提取方法的启发，本节提出以下 3 种经验特征：周期 T、多普勒带宽 F_B 和多普勒偏置 F_O，如图 2-5 所示。为表达方便，图中给出了以步态 A 时频图为例的经验特征示意，其中将人体躯干运动引起的主多普勒频率记为 f_0，人体四肢运动引起的最大正多普勒频率、最大负多普勒频率分别标记为 f_+ 和 f_-，人体腿部每个迈出动作标记为"一步"，如图中红色方框所示。

1. 周期 T

周期表示人体步态运动的重复周期，定义为时频图中相邻两个正多普勒频率峰值之间的时间间隔。这里用自相关函数求得周期 T。自相关函数具体可表示为

$$R_{ss}(\tau) = \int_{-\infty}^{\infty} s(t)s^*(t-\tau)\mathrm{d}t \qquad (2\text{-}1)$$

式中，$s(t)$ 表示时频信号沿多普勒频率维压缩后的时域信号，其中时频信号由

47

雷达回波原始数据经 STFT 获得；* 表示共轭；τ 表示延时。通过计算自相关函数绝对值峰值之间的时间间隔，可以估算出人体步态运动的周期 T。

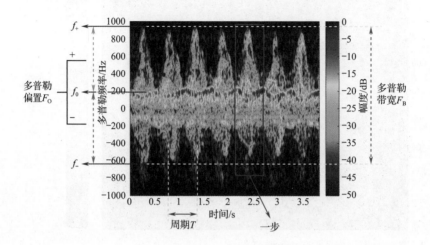

图 2-5　特征示意

2. 多普勒带宽 F_B

多普勒带宽的定义为最大正负多普勒频率之差，表达式为

$$F_B = \frac{1}{N}\sum_{n=1}^{N}[(f_+^{(n)} - f_-^{(n)})] \tag{2-2}$$

式中，N 表示一次观测记录内的总步数；$f_+^{(n)}$ 和 $f_-^{(n)}$ 分别表示第 n 步的最大正多普勒频率与最大负多普勒频率。

3. 多普勒偏置 F_O

多普勒偏置的定义为最大正负多普勒频率相对于主多普勒频率的偏差，表达式为

$$F_O = \frac{1}{N}\sum_{n=1}^{N}[(f_+^{(n)} - f_0) - (f_0 - f_-^{(n)})] = \frac{1}{N}\sum_{n=1}^{N}(f_+^{(n)} + f_-^{(n)} - 2f_0) \tag{2-3}$$

式中，N、$f_+^{(n)}$ 和 $f_-^{(n)}$ 的意义与式（2-2）相同。

上述特征提取还涉及一些参数的获取。例如，先沿时间轴累加时频图得到频谱，再求频谱峰值，由此获得 f_0，如图 2-6（a）所示；先提取时频图信号包络，再求包络在多普勒频率方向的极值，由此获得 $f_+^{(n)}$ 和 $f_-^{(n)}$[16]，如图 2-6（b）所示。

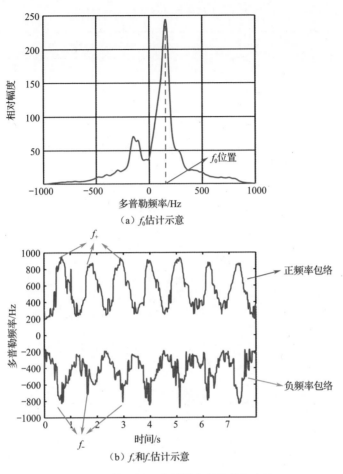

图 2-6　特征提取中关键参数的获取方法

　　结合图 2-4，表 2-1 给出了周期 T、多普勒带宽 F_B 和多普勒偏置 F_O 这 3 个经验特征的定性描述，具体说来：①在周期特征方面，采取步态 B 行走时，双臂摆动的不对称性导致步态 B 的周期几乎是步态 A 和步态 C 的 2 倍；②在多普勒带宽特征方面，采取步态 C 行走时，双臂摆动受限，因此时频图中几乎不存在由摆臂引起的微多普勒分量，导致步态 C 的多普勒带宽小于步态 A 和步态 B；③在多普勒偏置特征方面，采取步态 A 行走时，双臂对称地摆动，采取步态 B 行走时，双臂不对称地摆动，采取步态 C 行走时，双臂几乎不动，而多普勒偏置反映了摆臂的对称性，因此步态 A 和步态 C 的多普勒偏置与步态 B 有明显不同。由此可见，周期、多普勒带宽和多普勒偏置这 3 个经验特征能够有效区分实验中的 3 类步态，它们的三维空间分布如图 2-7 所示。

表 2-1　人体步态动作的经验特征体现

人体步态动作	经验特征		
	T	F_B	F_O
步态 A	小	大	小
步态 B	大	大	中等
步态 C	小	小	小

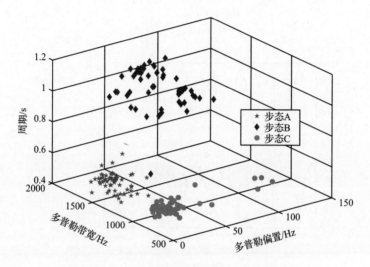

图 2-7　微多普勒经验特征的三维空间分布

2.1.4　分类器设计

　　本节选择支持向量机（Support Vector Machine，SVM）进行目标分类识别。SVM 本身是一种解决二分类问题的方法，当处理本实验中的多分类问题时，可使用决策树 SVM、一对一 SVM 等方法。这里选用一对一 SVM 作为分类器，其具体实现方法是：在任意两类目标样本之间设计一个线性 SVM 分类器，把未知类别样本输入所有分类器，并对各分类器的识别结果进行投票，得票最多的类别被判定为最终识别结果，如图 2-8 所示。

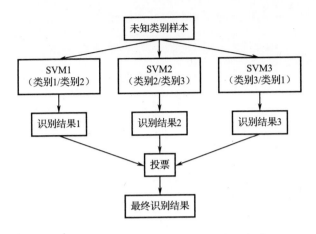

图 2-8　一对一 SVM 分类器的实现方法

2.1.5　实验结果

人体步态识别流程如图 2-9 所示，以下实验均遵循此流程。

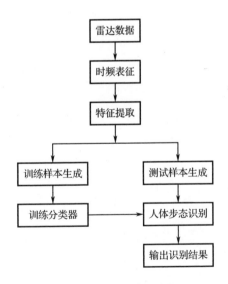

图 2-9　人体步态识别流程

本实验将雷达采集的 5 名受试者的步态数据混合，随机选择总样本数的 20% 作为训练样本用来训练分类器，其余 80% 作为测试样本用来测试分类器识别结果，进行 100 次蒙特卡罗实验来统计识别结果。识别结果混淆矩阵如

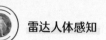

表 2-2 所示, 可见 3 类步态的识别准确率都超过 97%, 验证了本节所提方法的有效性。

表 2-2　识别结果混淆矩阵

识别结果	真实类别		
	步态 A	步态 B	步态 C
步态 A	98.51%	1.01%	1.68%
步态 B	0.23%	98.99%	0.91%
步态 C	1.26%	0	97.41%

2.2 基于多基地雷达时频特征的步态识别

本节首先简单介绍双基地雷达的点目标多普勒计算模型。双基地雷达是指发射单元和接收单元位于不同位置的雷达系统, 其探测点目标的几何示意如图 2-10 所示。对于以速度 v 运动的点目标, 根据几何关系易得其产生的多普勒频率 f_d 为

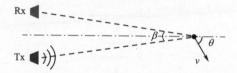

图 2-10　双基地雷达探测点目标的几何示意

$$f_d = -\frac{f_0 v}{c}\left[\cos\left(\theta + \frac{\beta}{2}\right) + \cos\left(\theta - \frac{\beta}{2}\right)\right]$$

$$= -\frac{2 f_0 v}{c}\cos\left(\frac{\beta}{2}\right)\cos\theta \qquad (2\text{-}4)$$

式中, f_0 表示载波频率; c 表示光速; β 表示双基地角, 即目标分别与发射单元和接收单元之间连线的夹角; θ 表示双基地角 β 的角平分线与点目标运动方向的夹角。当 $\beta = 0$ 时, 双基地雷达退化为收发同置的单基地雷达, 式 (2-4) 改写为

$$f_\mathrm{d} = -\frac{2f_0 v}{c}\cos\theta \tag{2-5}$$

对比式（2-4）和式（2-5），当 β 较小时，由于 $\cos(\beta/2) \approx 1$，两式在形式上基本相等。考虑到 θ 的 0° 参考位置是双基地角 β 的平分线，因此双基地雷达测得的点目标多普勒频率近似等于收发单元连线中点处的单基地雷达的多普勒频率测量值。

2.2.1　实验场景与数据采集

本节使用伦敦大学的相参多基地脉冲多普勒雷达系统 NetRAD[11] 采集数据，实验位于开阔的露天操场。NetRAD 雷达系统由等间隔排列于一条直线（基线）上的 3 个节点组成，载波频率 $f_0 = 2.4\,\mathrm{GHz}$，每个脉冲为持续时间 0.6 μs、带宽 45MHz 的线性调频信号，脉冲重复频率 $f_\mathrm{PRF} = 5\,\mathrm{kHz}$，相应的距离分辨率为 3.3m，最大无模糊速度为 ±156m/s。图 2-11 展示了 NetRAD 雷达系统的构成和数据采集场景。其中，Z1 ～ Z6 为被测人体目标存在的区域。节点 1 ～节点 3 为雷达的 3 个节点，每个节点的雷达 LOS 方向均指向 Z5 区域。位于中央的节点 1 同时具有发射功能和接收功能，而位于两侧的节点 2 和节点 3 仅具有接收功能。在节点 1 发出电磁波的同时，3 个节点均能接收人体目标的回波。

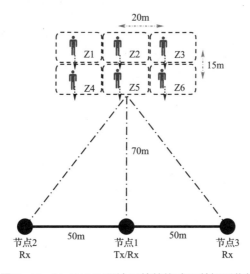

图 2-11　NetRAD 雷达系统的构成和数据采集场景

在数据采集过程中，每个数据样本的持续时长为 2.5s，人体目标将在该时间范围内完成一段面向雷达基线的行走动作。选择这一持续时长是为了确保人走动的全过程能基本落在一个距离单元（3.3m）内，方便后续的数据处理。人体目标的步态有两种：①持枪步行，即手持一根金属管模拟步枪同时步行；②不持枪步行，即按平常走路的模式自然步行。被测人体目标在 Z1 ～ Z6 每个区域分别进行实验，以增强数据的多样性。本节采用的数据集一共包含 2 种步态（持枪步行、不持枪步行）、2 名被测人员（人员 A、人员 B）、6 个区域（Z1 ～ Z6）。上述每种组合重复采集 10 次，一共得到 2×2×6×10=240 个数据样本，每个数据样本都包含 3 个节点采集所得的人体雷达回波数据。由于实验过程中 Z5 区域的部分数据缺失，舍弃这一区域的数据后，总共获得 200 个可以用于后续算法验证的数据样本。

图 2-12 展示了一组典型的数据样本，其中，图 2-12（a）为人员 A 不持枪；图 2-12（b）为人员 A 持枪；图 2-12（c）为人员 B 不持枪；图 2-12（d）为人员 B 持枪。这些数据样本是节点 1 雷达回波数据经过 STFT 后的时频图。其中，主要的多普勒分量集中在 20Hz 左右，经过计算得到对应的径向速度为 1.25m/s，与人体步行速度相符，因此该多普勒分量代表了人体目标的躯干运动分量。时频图中其他较弱的多普勒分量主要由人体四肢的运动产生。通过观察容易发现，持枪步行和不持枪步行的时频图存在一些差别。在不持枪的步态中，能观察到的多普勒带宽较宽，这是由于自由摆动的手臂产生了更快的运动。而在持枪步态中，手臂的摆动受到了模拟枪支（金属管）的制约，因此其微多普勒信号的分布范围更加紧缩。相比之下，人员 A 和人员 B 之间的差异则更加细微。在不持枪步态中，人员 A 的时频图呈现出稍多的不对称性；在持枪步态中，两人的差异很难通过肉眼区分开来。

本节主要关注两项二分类的步态识别任务：①持枪 / 不持枪步态识别，不区分被测人员；②基于步态的人员识别，不区分持枪与否。由于两类动作的微动特征差异较大，因此第一项任务比较容易；由于不同人做同一动作的微动特征差异较小，因此第二项任务具有更大的难度。

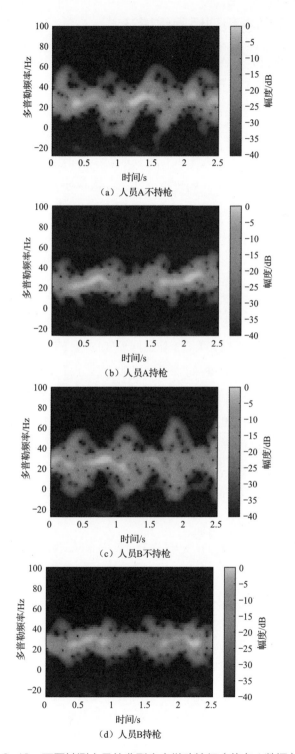

图 2-12　不同被测人员的典型步态微动特征（节点 1 数据）

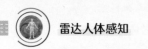

2.2.2 步态识别卷积神经网络设计

本节采用迁移学习技术训练一个多层的 CNN，用于实现上述两项人体步态识别任务。迁移学习是指将一个数据域所获得的知识转移到另一个相关但不完全相同的新数据域，以提升基于新数据域训练的模型性能。在深度学习领域，迁移学习的一种常见实现方法是：先利用大量容易获得的数据集训练网络，得到训练好的权重后，进一步在不太容易获取的小数据集上进行训练。这一方法可以有效缓解数据集过小引起的过拟合问题，这种处理方法在雷达领域应用的例子见文献 [17]。Park 等采用在光学图像上预训练的 CNN 模型，维持前若干层的权重不变，仅将距离输出最近的若干层随机初始化，然后将雷达多普勒时频图复制 3 份以匹配光学图像的通道数（R、G、B 三通道），再在复制后的时频图上进行训练 [6]。

1. 数据预处理

本节所提预处理方法计算了 3 种不同窗长的 STFT 时频图，对应不同的时频分辨率。这种多分辨率分析的思想在诸如小波分析等领域也有广泛体现。相比单一时频分辨率的时频图，多分辨率 STFT 时频图能够获得更丰富的多尺度时频信息。3 个节点采集的原始回波信号经距离维脉冲压缩后，选取人体目标所在的距离单元，记各节点所得微动信号分别为 $s_1(t)$、$s_2(t)$ 和 $s_3(t)$。值得一提的是，由于数据采集的场景十分开阔，地面平整，产生的静止杂波相对较弱，因此很容易通过一个窄带陷波器将零多普勒频率附近的少量杂波滤除。这里采用的预处理具体步骤如下。

（1）时域回波信号 $s_n(t)$，$n=1,2,3$，采用 STFT 分别计算多分辨率时频图 $S_{n,k}(t,f)$，$k=1,2,3$。

$$S_{n,k}(t,f) = \left| \int_{-\infty}^{+\infty} s_n(\tau) h_k(\tau-t) \exp(-\mathrm{j}2\pi f\tau) \mathrm{d}\tau \right|^2 \qquad (2\text{-}6)$$

式中，自变量 t 为时间；f 为变换后时域微动信号的多普勒频率；$|\cdot|$ 表示取复数的模；j 为虚数单位；$h_k(t)$ 为 3 个形式相同但窗长各不相同的 STFT 窗函数。此处选取 Blackman 窗，它具有 -60dB 左右的第一旁瓣，使在后续处理流程中可以忽略旁瓣的影响。选取的窗函数时长分别为 0.13s、0.26s 和 0.51s。上述操作实际在离散域进行，所得时频图尺寸为 128×125（多普勒×时间）。

（2）对多分辨率时频图 $S_{n,k}(t,f)$ 取对数，并将取对数后的多分辨率时频图 $S_{n,k}(t,f)$ 的最大值归一化为 0dB，设定一个门限 θ_{th}，在最大值归一化后的多分辨率时频图 $S_{n,k}(t,f)$ 中截去小于门限 θ_{th} 的部分，得到各节点的归一化多分辨率时频图 $\tilde{S}_{n,k}(t,f)$，表达式为

$$\tilde{S}_{n,k}(t,f) = \max\left\{\theta_{\text{th}}, 10\lg\left(\frac{S_{n,k}(t,f)}{\max\limits_{t,f} S_{n,k}(t,f)}\right)\right\} \tag{2-7}$$

式中，最小值截断于 $\theta_{\text{th}} = -40\text{dB}$。

（3）将多分辨率时频图 $\tilde{S}_{n,k}(t,f)$ 去均值，得到零均值多分辨率时频图 $X_{n,k}(t,f)$，表达式为

$$X_{n,k}(t,f) = \tilde{S}_{n,k}(t,f) - \overline{\tilde{S}_{n,k}(t,f)} \tag{2-8}$$

式中，$\overline{\tilde{S}_{n,k}(t,f)}$ 代表时频图的均值。后文将 $X_{n,k}(t,f)$ 简记为 $\boldsymbol{x}_n$，或者当仅表示某一节点的时频图时，简记为 $\boldsymbol{x}$。

图 2-13 给出了经过预处理后所得多分辨率时频图的一组示例。其中，图 2-13（a）～（c）分别表示窗函数时长为 0.13s、0.26s 和 0.51s 的 STFT 时频图，可见多分辨率时频图也包含常见光学图像的部分底层特征，如边缘、线条等，但时频图的高层语义特征和常见光学图像存在明显差异。

2. 卷积神经网络结构

考虑到时频图与光学图像在底层特征上的相似性，本节采用迁移学习的方法构建 CNN 模型。其中，靠近输入端的低层级卷积层直接采用现有光学图像分类网络的权重，而对高层级卷积层和全连接层进行随机初始化。这里首先提出单输入 CNN 模型，即仅以 3 个节点其中之一的数据为输入，再以此为基础构造多输入 CNN 模型，以融合 3 个节点的数据。单输入 CNN 模型可以视为多输入 CNN 模型的退化模型，我们将在 2.2.3 节对比两者的性能，验证多输入融合的有效性。

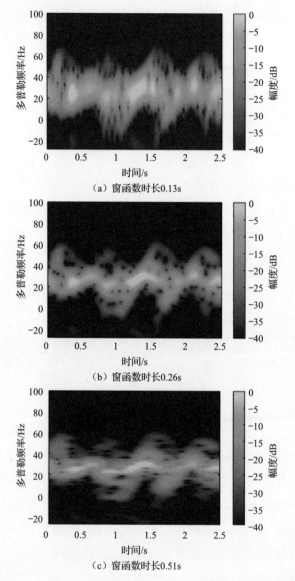

图 2-13 用于神经网络输入的多分辨率时频图（节点 1 数据）

单输入 CNN 模型的结构如图 2-14 所示，输入信号 x 为某一节点的时频图，输出信号为以输入信号 x 为条件的类别 y 的概率分布 $P(y|x)$。图中对每层的卷积核大小都进行了标注，"#" 符号后的数字表示卷积核数量，等于卷积核所输出的特征图的深度。卷积层 Conv1 ～ Conv5 采用 ReLU 函数[18]进行激活，而最后一层卷积层 Conv6 采用 softmax 函数[18]进行激活，以使输出的值落在 [0, 1]

区间。由于需要迁移来自光学图像的信息，图中前 3 层卷积层被设计成和光学图像分类网络 VGG-F 的前 3 层相同，并用其预训练权重进行初始化。此处选取的 VGG-F 网络仅作为一个代表，也可以尝试换用其他光学图像分类网络。接着在预训练的层后加入卷积核尺寸为 7×1（多普勒×时间）的条形卷积层 Conv4，将 Conv3 输出特征图沿多普勒维度压缩为 1，输出 1×7×64（多普勒×时间×深度）的特征图。上述特征图被送入两个 1×1 卷积层 Conv5 和 Conv6 中，并经过 softmax 操作，得到尺寸为 7×2（时间×深度）的矩阵，其中深度为 2 表示识别任务均为二分类。最终，沿时间轴进行平均，得到 1×2 的向量，即 CNN 输出的类别分布 $P(y|\boldsymbol{x})$。单输入 CNN 模型各层的详细参数如表 2-3 所示。

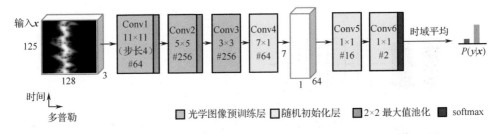

图 2-14　单输入 CNN 模型的结构

表 2-3　单输入 CNN 模型各层的详细参数

层名称	卷积核尺寸（多普勒×时间）	输出通道数	补零	输出尺寸（多普勒×时间×深度）	是否预训练
输入	—	—	—	128×125×3	—
Conv1	11×11	64	否	30×29×64	是，VGG-F
Conv2	5×5	256	相同尺寸*	15×14×256	是，VGG-F
Conv3	3×3	256	相同尺寸*	7×7×256	是，VGG-F
Conv4	7×1	64	否	1×7×64	否
Conv5	1×1	16	否	1×7×16	否
Conv6	1×1	2	否	1×7×2	否

* 相同尺寸为一种补零方式，指的是卷积时通过对特征图补零使卷积前后特征图的尺寸不变。

多输入 CNN 模型的结构如图 2-15 所示，为清晰起见，其相比图 2-14 省略了一些细节。它的输入信号 $\boldsymbol{x}_i(i=1,2,3)$ 分别表示节点 1 ～节点 3 的时频图，输出信号为依赖 3 个输入的类别条件分布 $P(y|\boldsymbol{x}_1,\boldsymbol{x}_2,\boldsymbol{x}_3)$。多输入 CNN 模型的

前 4 层卷积层与单输入 CNN 模型完全相同,只是为每个节点单独复制了一份,形成了 3 条支路。在网络训练过程中,学习率代表每轮迭代中网络参数的更新步长[18],较大的学习率可能导致网络参数振荡难以收敛,较小的学习率会使收敛速度慢,但有助于对网络参数进行精细调整。在实验中发现,在恰当的时间对预训练层进行较小学习率的更新,可以得到更好的识别准确率,但考虑到 VGG-F 网络的前 3 层参数数量较多,这里在 3 条支路中共享前 3 层的权重,以缓解潜在的过拟合问题。在卷积层 Conv4 后,加入最大值池化操作来融合 3 条支路的特征图,该操作对特征图进行点对点最大值操作后输出,即 $Z_{out} = max(Z_1, Z_2, Z_3)$,其中 $Z_i (i = 1, 2, 3)$ 是 3 条支路中的 Conv4 层所输出的特征图。后续的网络结构和单输入 CNN 模型类似。

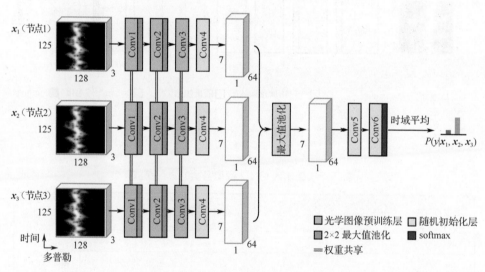

图 2-15 多输入 CNN 模型的结构

本节另外考虑了一种折中的模型,即单输入 CNN 投票融合模型。该模型简单地将 3 个节点的数据分别经过单输入 CNN 模型进行分类,再将分类结果进行二值投票融合,即按照少数服从多数的规则得到最终的识别结果。例如,如果 3 个节点的识别结果分别为类别 A、类别 B、类别 A,则最终识别结果为类别 A。该模型融合了 3 个节点的信息,但所采用的决策融合方式难以充分考虑 3 个节点微动数据之间的复杂关系,因此作为一种退化模型参与 2.2.3 节中的识别性能对比。通过将该模型与多输入 CNN 模型进行对比,可以体现后者在数据融合中的优势。

本节采用分类问题中常用的交叉熵损失函数对上述几种模型进行训练。若将训练集中第 i 个训练样本记为有序对 $(\boldsymbol{x}^{(i)}, \boldsymbol{y}^{(i)})$，对于多输入 CNN 模型，可进一步将 $\boldsymbol{x}^{(i)}$ 表示为分量形式 $\boldsymbol{x}^{(i)} = (\boldsymbol{x}_1^{(i)}, \boldsymbol{x}_2^{(i)}, \boldsymbol{x}_3^{(i)})$；而 $\boldsymbol{y}^{(i)} = (y_1^{(i)}, y_2^{(i)})$ 表示独热（One-Hot）编码形式的真实标签，即 $\boldsymbol{y}^{(i)}$ 的各分量中只有一个取 1，其余取 0，下标 1 和 2 表示待分类的两种类别。另外，将 CNN 模型输出的条件分布统一简记为 $\boldsymbol{p}^{(i)} = (p_1^{(i)}, p_2^{(i)})$。则交叉熵损失函数定义为

$$\mathcal{L} = -\sum_i \sum_c y_c^{(i)} \ln p_c^{(i)} \tag{2-9}$$

式中，$i = 1, 2, \cdots, N$ 为样本编号；$c = 1, 2$ 为类别编号。

3. 训练细节

为了加速训练和缓解过拟合问题，在前 4 层卷积层中使用了批归一化（Batch Normalization，BN）和随机失活操作[18]。在进行 STFT 之前的原始回波数据中加入轻微的复数高斯噪声作为数据增强手段，用以缓解训练的过拟合问题。

本节采用基于 MATLAB 的深度学习库 MatConvNet 实现所提人体步态识别 CNN。在训练过程中，使用具备一定自适应步长调整能力的 Adam 优化器，并设置批大小为 5，训练共计 300 轮。VGG-F 模型是在 ImageNet 光学图像数据集上训练的一个图像分类模型。在训练开始前，将前 3 层初始化为 VGG-F 模型对应层的权重，并将其学习率置零，其余层进行随机初始化。在前 100 轮训练中，对于训练集占比 50% 的情况，采用 $\alpha = 2 \times 10^{-3}$ 的全局学习率；对于训练集占比为 20% 或 33% 的情况，由于训练集更小，为了充分训练，稍微增加学习率至 $\alpha = 5 \times 10^{-3}$。接下来开启前 3 层的训练，但使用一个较小的学习率（0.1α），再进行 100 轮训练。最后将全部层的学习率衰减 1/10，再进行 100 轮训练。

本节采用安装有 NVIDIA GeForce GTX1060（6GB）图形处理器、英特尔酷睿 i5-4690 中央处理器及 16GB 内存的计算机进行训练，每次 300 轮训练耗时数十分钟。相比之下，在上述设备上进行推理的速度很快，每个样本推理仅需几毫秒，可以满足实时处理的要求。图 2-16 展示了训练和单样本推理的用时，其中■和□分别表示单输入 CNN 与多输入 CNN；无背景色部分表示训练

整个训练集的用时，参照左轴刻度；灰色背景部分表示推理一个样本的用时，参照右轴刻度。可见，训练用时随训练集的大小变化而略有不同，但推理的用时仅与网络结构有关。

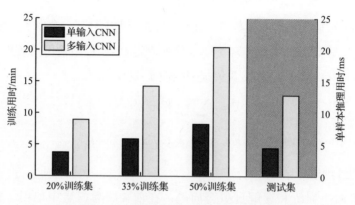

图 2-16　训练用时和单样本推理用时

2.2.3　实验结果

本节将在采集的实测数据上验证多输入 CNN 模型在多基地雷达人体步态识别中的有效性。本节将通过比较多输入 CNN 模型、单输入 CNN 模型、单输入 CNN 投票融合模型验证多视角观测的优势和在 CNN 内部进行特征融合的优势。在下列实验中，采用的评价标准为准确率，定义为正确分类的样本个数 / 总样本个数。在训练集和测试集的划分方面，考虑随机划分和按区域固定划分两种模式。

1. 随机划分的训练集和测试集

在随机划分模式中，将 Z1～Z4 和 Z6 这 5 个区域内的数据样本打乱后进行随机抽取，从中分别抽取 20%、33% 和 50% 的数据样本作为训练集，其余的数据样本作为测试集。为了尽可能利用全部数据进行训练以提高结果的可靠性，这里采取无放回的抽取方法生成多个训练集，并进行多折交叉验证。以 20% 训练集为例，样本首先被划分为 5 个数据量相等的集合，每次以其中一个集合作为训练集、其他 4 个作为测试集进行推理，如此重复 5 轮，进行 5 折交叉验证。对于 33% 训练集和 50% 训练集，则分别进行 3 折交叉验证和 2 折交叉验证。为进一步提高结果的可靠性，上述交叉验证将以不同的随机种子重复运行多次，其中 5 折交叉验证运行 3 次，3 折交叉验证运行 5 次，2 折交叉验证运行 8 次，以使总的折数近似相等，即 15 折或 16 折。

　　采用上述流程考察持枪 / 不持枪步态识别和基于步态的人员识别两项识别任务的性能。表 2-4 和表 2-5 分别展示了两项识别任务的准确率，其中最优结果以加粗字体显示。由于数据集的总量相对较小，不同的划分方法可能对最终结果产生较大的影响。因此，表 2-4 和表 2-5 展示了在多次重复运行中识别准确率的极值和均值，即每种训练集内的"最小""最大""平均"3 个子项。沿两个表的列方向观察，第 3 ~ 5 列表示单输入 CNN 模型的准确率，即分别仅以节点 1、节点 2 或节点 3 的雷达数据作为输入。第 6 列和第 7 列则分别表示单输入 CNN 投票融合模型与多输入 CNN 模型的准确率。

表 2-4　随机数据集划分：持枪 /不持枪步态识别准确率 /%

训练集	极值与均值	节点 1	节点 2	节点 3	单输入 CNN 投票融合模型	多输入 CNN 模型
20% 训练集	最小	**98.75**	95.62	94.37	98.12	**98.75**
	最大	**100.00**	98.75	**100.00**	**100.00**	**100.00**
	平均	99.50	97.17	98.00	99.33	**99.63**

　　在表 2-4 中，在 20% 训练集中，持枪 / 不持枪步态的识别准确率已经足够高了，且多输入 CNN 模型的平均准确率表现最优。另外，单输入 CNN 投票融合模型的识别效果略低于节点 1 的单输入 CNN 模型。但考虑到各模型的准确率都很高，此处的差异可能只是统计的随机涨落。在更具挑战性的基于步态的人员识别中（见表 2-5），单输入 CNN 投票融合模型和多输入 CNN 模型的准确率显著优于单输入 CNN 模型。其中，虽然单输入 CNN 投票融合模型的部分极值优于多输入 CNN 模型，但后者的平均准确率在各种训练集中均为最佳。在这两项识别任务中，本节还重点关注了多次随机划分中的最差情形。根据识别结果，多输入 CNN 模型相比单输入 CNN 模型在各种情况下都改善了最差情形的准确率，体现了更强的鲁棒性。

表 2-5　随机数据集划分：基于步态的人员识别准确率 /%

训练集	极值与均值	节点 1	节点 2	节点 3	单输入 CNN 投票融合模型	多输入 CNN 模型
20% 训练集	最小	91.25	88.75	87.50	91.87	**93.12**
	最大	98.75	97.50	96.87	**99.37**	**99.37**
	平均	94.50	94.33	91.96	97.13	**97.42**
33% 训练集	最小	93.08	89.29	92.31	**96.15**	93.85
	最大	99.23	98.46	99.23	**100.00**	**100.00**
	平均	97.10	95.73	96.65	98.64	**98.98**
50% 训练集	最小	97.00	95.00	98.00	**99.00**	**99.00**
	最大	**100.00**	**100.00**	**100.00**	**100.00**	**100.00**
	平均	98.12	98.31	98.75	99.75	**99.94**

2. 按区域固定划分的训练集和测试集

除随机划分模式外，本节还考虑了按区域固定划分的模式。其中，在 Z1 ～ Z4 和 Z6 这 5 个区域每次选取一个作为训练集，其余 4 个作为测试集，并进行 5 折交叉验证。这种划分模式更加贴合实际情况，因为测试集的目标位置和运动方向与雷达 LOS 方向的夹角相比训练集都存在变化，落在训练集中未曾包含的范围内，这在一定程度上模拟了实际应用中识别新场景人体目标的情况。类似随机划分模式，这里同样在两项任务上进行了实验，实验结果如表 2-6 所示，其中最优结果以加粗字体显示。由于本划分模式的训练集比例也等于 20%，因此可直接和随机划分模式中 20% 训练集的实验结果进行比较。相比 20% 的随机划分模式，固定划分模式的识别准确率有所降低。因为固定划分的训练集和测试集分布差异更大，这一现象符合预期。与随机划分模式类似的是，在两项识别任务中，单输入 CNN 投票融合模型和多输入 CNN 模型几乎超越了所有的单输入 CNN 模型，体现了数据融合的有效性。另外，多输入 CNN 模型在大多数划分情形下都表现出了最优识别准确率，平均准确率在各模型中也是最优的。

本实验中使用的预训练 VGG-F 模型在用于光学图像分类时，默认输入尺寸为 224×224×3，而本节目前的识别性能分析均基于 128×125×3（多普勒 × 时间 × 深度，下同）的时频图输入。为了比较输入时频图的尺寸对识别性能的影响，通过改变 STFT 中的 FFT 点数和窗函数重叠范围等参数，生成了 224×209×3、

128×125×3 和 64×63×3 三种尺寸的多分辨率时频图，并在持枪 / 不持枪和人员识别两项任务上比较它们的性能。

表 2-6　按区域固定数据集划分：识别准确率 /%

任务	训练区域	节点 1	节点 2	节点 3	单输入 CNN 投票融合模型	多输入 CNN 模型
持枪 / 不持枪步态识别	Z1	98.75	93.00	98.75	99.75	**99.87**
	Z2	99.12	93.37	98.25	**99.38**	99.37
	Z3	**100.00**	89.87	99.88	**100.00**	100.00
	Z4	96.37	88.75	97.62	97.38	**98.12**
	Z6	99.13	93.87	97.75	**99.50**	99.00
	平均	98.67	91.77	98.45	99.20	**99.27**
基于步态的人员识别	Z1	94.13	81.75	83.00	90.88	**95.50**
	Z2	87.75	80.5	82.12	**89.88**	89.62
	Z3	**94.75**	85.62	89.25	93.62	93.25
	Z4	78.37	85.63	86.87	89.00	**89.25**
	Z6	95.00	95.12	89.88	96.13	**97.25**
	平均	90.00	85.72	86.23	91.90	**92.97**

在本节所提 CNN 模型中，由于前 3 层卷积层来自预训练的 VGG-F 模型，因此其卷积核尺寸和个数均不能改变，否则无法利用相应的预训练权重。为了适应不同的输入尺寸，Conv4 层的卷积核尺寸会被相应地修改，使该层输出的特征图的多普勒维度始终被压缩为 1。不同输入尺寸和相应的 Conv4 卷积层参数如表 2-7 所示。

表 2-7　不同输入尺寸和相应的 Conv4 卷积层参数

输入尺寸 （多普勒 × 时间 × 深度）	卷积核尺寸 （多普勒 × 时间）	输出通道数
64×63×3	3×1	64
128×125×3	7×1	64
224×209×3	13×1	64

选取随机划分 20% 数据作为训练集和按区域固定划分训练集 / 测试集两种划分模式为代表，它们的平均准确率随输入尺寸的变化如图 2-17 所示，可

以发现以下两个现象。

（1）在随机划分 20% 训练集的情况下［见图 2-17（a）和（b）］，两项任务的平均准确率基本随着输入尺寸的增大而稳步提高，只在个别单输入 CNN 模型中存在先减后增的例外。在按区域固定划分训练集的情况下［见图 2-17（c）和（d）］，结果略有不同，在多输入 CNN 模型和单输入 CNN 投票融合模型中，128×125（多普勒 × 时间）的输入尺寸均表现最优。

（2）在两项任务和两种划分模式中，如果使用多输入 CNN 模型，将输入尺寸从 128×125（多普勒 × 时间）增大为 224×209（多普勒 × 时间），只可能获得较小的准确率增益，但计算量和数据存储量增加为原来的 4 倍左右。

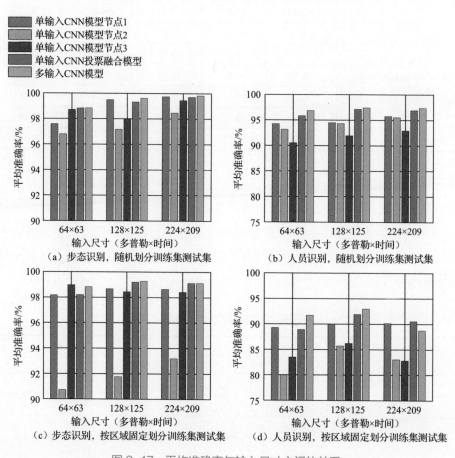

图 2-17　平均准确率与输入尺寸之间的关系

综合以上现象，虽然增大输入尺寸可能带来一些优势，但 128×125（多普勒×时间）仍是三者中最合适的输入尺寸。如果对处理速度或储存空间有较严格的限制，采用64×63（多普勒×时间）的小尺寸也能获得不错的识别准确率。

2.3 基于"时－频－距离"多域数据融合的动作识别

2.3.1 实验场景与数据采集

1. 室内生活动作数据集

本节所使用的室内生活动作数据集为2020年英国工程技术学会（Institution of Engineering and Technology，IET）国际雷达会议上提供的"基于雷达的人体行为识别"公开数据集[19]。其中的数据均被采用单基地FMCW雷达设备进行采集，基本参数如表2-8所示。

表2-8　室内生活动作数据集所用雷达基本参数

基本参数	参数值
载波频率f_0	5.8GHz
线性调频带宽B	400MHz
扫频周期T_s	1ms
每扫频采样点数 M	128 复数点

根据雷达参数可以计算出相应的距离分辨率为 $\Delta R = 37.5\text{cm}$，最大无模糊速度为 $\pm 12.9\text{m/s}$，最大无模糊距离为 $R_{\max} = \Delta RM = 48\text{m}$。以上参数能够涵盖室内场景下人体目标进行各种室内生活动作的速度和距离范围，这也是该数据集主要针对的实验场景。

该数据集由训练集和测试集构成。其中，训练集共计1754个样本，包含雷达回波数据和真实类别标签；测试集共计100个样本，仅包含回波数据，无真实类别标签。研究者可以将所提算法的输出结果上传至指定服务器，由后者判定识别准确率。该数据集包含6种日常的室内生活动作，即行走、坐下、起立、捡起物品、喝水和跌倒，其中跌倒动作的识别对独居老人的监护具有重要的意义。该数据集包括成人全年龄段（21～98岁）的受试者共计50余人，在实验室和养老院等真实生活场景中进行数据采集。室内生活动作数据集样本详情（训练集）如表2-9所示。需要说明的是：①该数据集已经过手工对齐，每段样本都起始于一个动作的开始；②由于老年人的身体条件不允许，仅有青壮年受试者参与了"跌倒"动作，因此表2-9中"跌倒"一项的样本总数偏小。

表2-9 室内生活动作数据集样本详情（训练集）

动作序号	动作名称	样本总数/个	单样本持续时长/s
1	行走	312	10
2	坐下	312	5
3	起立	311	5
4	捡起物品	311	5
5	喝水	310	5
6	跌倒	198	5

2. 数据预处理

本节使用时间－距离像和时频图两重特征对人体室内生活动作进行描述，并作为后续分类的输入数据。将FMCW雷达的原始回波信号记为 $x[\tau,t]$，其中 τ、t 分别表示快时间（一个扫频内的时刻）和慢时间（不同扫频周期）。预处理步骤如下所示。

（1）采用FMCW距离维成像的标准操作，对 $x[\tau,t]$ 沿快时间维进行加窗FFT，其中窗函数选取Hamming窗。随后使用较窄的陷波器沿慢时间维进行滤波，以滤除零多普勒频率附近的静止杂波，即动目标显示（Moving Target Indication，MTI）操作，最终得到复数值的时间－距离像 $R[r,t]$，其中 r 表示距离单元。

（2）对 $R[r,t]$ 沿慢时间维进行STFT，并取模、求平方，得到距离－多普勒－时间的三维张量 $\boldsymbol{S}$。

$$S[k,t,r]=\left|\sum_{n=0}^{L-1}w[n]R[r,t-n]\mathrm{e}^{-\frac{\mathrm{j}2\pi kn}{L}}\right|^2 \tag{2-10}$$

式中，k 表示多普勒单元序号；$w[n]$ 表示长度为 L 的Hamming窗函数。在处理本节所用的数据集时，选取STFT窗函数的长度为128点，对应慢时间 t 上的时长为128ms；窗函数重叠64点，即50%的重叠率。

（3）将 $S[k,t,r]$ 沿距离维在包含人体目标的距离单元范围内进行非相参叠加，得到时频图 S_{I}。

$$S_{\mathrm{I}}[k,t] = \sum_{r \in A_{\mathrm{RoI}}} S[k,t,r] \qquad (2\text{-}11)$$

式中，A_{RoI} 为包含人体目标的距离单元集合。

时间 – 距离像的模的平方 $|\boldsymbol{R}|^2$ 和时频图 $\boldsymbol{S}_{\mathrm{I}}$ 可被视为式（2-10）中距离 – 多普勒 – 时间的三维张量 $\boldsymbol{S}$ 的切片。这些切片作为对 $\boldsymbol{S}$ 的一种降维描述，保留了一定的数据特征，但大幅减少了数据存储量，也缓解了后续计算的压力。

（4）非线性映射。由于 $\boldsymbol{S}_{\mathrm{I}}$ 和 $|\boldsymbol{R}|^2$ 的取值动态范围较大，与 2.2 节中的处理方法类似，对两者进行点对点的非线性映射后再送入后续的神经网络进行计算。映射输出时频图 $\boldsymbol{S}_{\log}$ 和时间 – 距离像 $\boldsymbol{R}_{\log}$，两者的计算公式分别为

$$\boldsymbol{S}_{\log} = 10\lg\left(\frac{\boldsymbol{S}_{\mathrm{I}}}{\max(\boldsymbol{S}_{\mathrm{I}})} + \epsilon\right) \qquad (2\text{-}12)$$

$$\boldsymbol{R}_{\log} = 10\lg\left(\frac{|\boldsymbol{R}|^2}{\max\left(|\boldsymbol{R}|^2\right)} + \epsilon\right) \qquad (2\text{-}13)$$

式中，ϵ 是一个数值较小的正数。

回顾表 2-9 中各类别室内生活动作的单样本持续时长，"行走"类别为 10s，其他类别为 5s。考虑到数据集中的"坐下""起立""捡起物品""喝水""跌倒"5 种动作类别均为事件性动作，开始部分和停止部分是这些动作的重要特征，而"行走"是一种持续性动作，并不包括行走的起始和终止，因此"行走"类别 10s 的长度可能存在一定的冗余。为了保证输入数据尺寸的一致性，将所有"行走"类别的数据截取中间 5s，舍弃其余部分，与其他 5 种动作类别的时长保持一致。

另外，通过观察数据集可以发现，时频图 $\boldsymbol{S}_{\mathrm{I}}$ 全部分布于最大无模糊多普勒频率的 1/4 之内，对应的速度范围为 -3.2 ～ 3.2 m/s，符合室内人体运动的速度区间；时间 – 距离像的模的平方 $|\boldsymbol{R}|^2$ 的主要能量集中在 5 ～ 24 号距离单元中，对应实际距离 1.5 ～ 8.6m，也符合一个房间的几何尺寸。因此，将计算时频图 $\boldsymbol{S}_{\mathrm{I}}$ 的感兴趣区间设置为 5 ～ 24 号距离单元，同时仅保留靠近零多普勒频率的 128/4=32 个频点。对时间 – 距离像的模的平方 $|\boldsymbol{R}|^2$ 沿慢时间维进行下采样，使其和时频图 $\boldsymbol{S}_{\mathrm{I}}$ 的尺寸接近。最终，经过上述步骤（4）的非线性映射后，时间 – 距离像 $\boldsymbol{R}_{\log}$ 和时频图 $\boldsymbol{S}_{\log}$ 的尺寸分别为 20×76（距离×时间）与 32×76（多

普勒×时间)。两者将作为 2.3.2 节所设计的深度神经网络模型的输入。图 2-18、图 2-19 分别展示了每种室内生活动作的典型时间 – 距离像和时频图。

如图 2-18 和图 2-19 所示,"行走"和"跌倒"两类动作之间存在明显的模式差异。"行走"动作表现出较为明显的身体移动,在时间 – 距离像和时频图上均清晰可见。同样还可以观察到肢体运动产生的微多普勒信号以躯干多普勒为中心摆动。有关人体行走时的多普勒特征在 2.2 节中已有详细的介绍,此处不再赘述。"跌倒"动作表现出短促的时间 – 距离像信号和加速运动的多普勒信号。这是因为跌倒通常为一个加速过程,而跌倒后人体几乎保持静止,在动目标显示后的时间 – 距离像中也表现为低强度信号。"捡起物品"动作倾向于在时频图中出现两个分离的强信号,分别代表"俯身捡""起身"两个子动作。其余动作,如"坐下""起立""喝水",则难以从时间 – 距离像中观察出区分性特征,但在时频图中存在一些细微的区别:"坐下"动作倾向于产生负多普勒分量,"起立"动作倾向于产生正多普勒分量,而"喝水"动作产生的多普勒成分比较杂乱。根据上述观察,一些动作在时间 – 距离像上的差异更加明显,其他一些动作在时频图中的差异更加明显,因此将两者进行融合有助于提高室内生活动作识别的准确率。

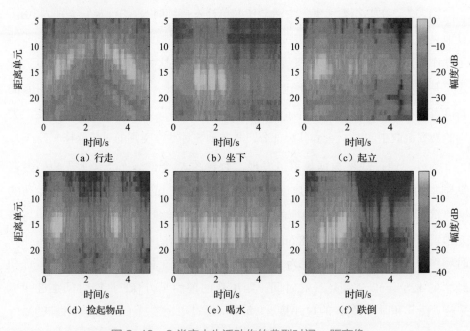

图 2-18 6 类室内生活动作的典型时间 – 距离像

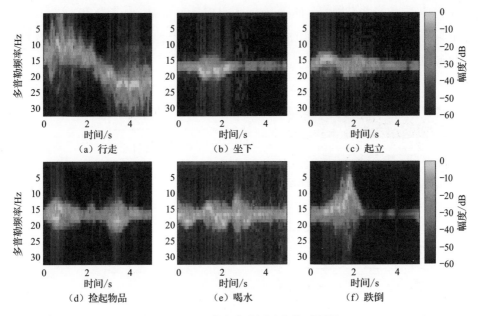

图 2-19　6 类室内生活动作的时频图

2.3.2　室内生活动作识别深度神经网络模型设计

以 2.3.1 节中预处理得到的时间 – 距离像 $R_{\log}$ 和时频图 $S_{\log}$ 作为双重输入，本节设计了一个用于识别室内生活动作的深度神经网络模型，即距离 – 多普勒网络（Range-Doppler-Net，RD-Net）模型，其基本结构如图 2-20（a）所示，各层详细参数如表 2-10 所示。该网络首先利用由多层卷积层构成的卷积单元（距离卷积单元和多普勒卷积单元）提取输入信号在一个时间窗内的特征。随着时间窗的滑动，对两项输入产生各自的特征序列，将其融合后进一步送入长短期记忆（Long Short-Term Memory，LSTM）层进行后续处理。相比 2.2 节中所提网络，本节所提网络采用了更加复杂的结构，即首先使用善于处理二维数据的 CNN 提取相对局部的信息，再借助擅长序列建模的 LSTM 网络提取较长程的关系。另外，本节所采用的数据集规模较 2.2 节显著增大，在不依赖光学图像预训练权重的情况下，通过加入自编码器预训练步骤也可以实现网络的稳定训练，从而实现较高的识别准确率。

为了验证将时间 – 距离像和时频图的特征进行融合对提高识别准确率的积极作用，本节基于 RD-Net 模型提出了两个退化版本，即距离网络（Range-Net，

雷达人体感知

R-Net）模型和多普勒网络（Doppler-Net，D-Net）模型，如图 2-20（b）所示，它们采用与 RD-Net 模型类似的结构和两步骤训练方法，但仅使用单一的时间－距离像或时频图作为输入。

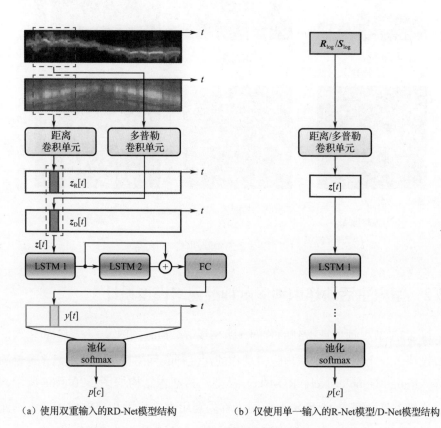

（a）使用双重输入的RD-Net模型结构　　　（b）仅使用单一输入的R-Net模型/D-Net模型结构

图 2-20　提出的 RD-Net 模型及其退化版本的结构

表 2-10　RD-Net 模型各层详细参数

模块名称	层类型	输出通道 / 特征数	输出尺寸 （下画线为时间维）
$R_{\log}$	输入	—	$20 \times \underline{76} \times 1$
$S_{\log}$	输入	—	$32 \times \underline{76} \times 1$
距离 卷积单元	5×3 卷积（2×2 步长）	8	$10 \times \underline{38} \times 8$
	3×3 卷积（2×2 步长）	16	$5 \times \underline{19} \times 16$
	3×3 卷积（2×1 步长）	32	$3 \times \underline{19} \times 32$
	3×1 卷积*	48	$1 \times \underline{19} \times 48$（$z_R$）

72

模块名称	层类型	输出通道 / 特征数	输出尺寸（下画线为时间维）
多普勒 卷积单元	5×5 卷积（2×2 步长）	16	$16 \times \underline{38} \times 16$
	3×3 卷积（2×2 步长）	32	$8 \times \underline{19} \times 32$
	3×3 卷积（2×1 步长）	48	$4 \times \underline{19} \times 48$
	4×1 卷积*	48	$1 \times \underline{19} \times 48\ (z_{\mathrm{D}})$
LSTM 1	LSTM	48	$\underline{19} \times 48$
LSTM 2	LSTM	48	$\underline{19} \times 48$
FC	单点卷积	6	$\underline{19} \times 6\ (y)$

注：*本层在非时间维不补零，其余维度和未标*的层均进行相同尺寸的补零。

下文首先介绍训练的两个步骤，即自编码器预训练和有监督训练与推理，然后介绍使用单一输入的 R-Net 模型和 D-Net 模型，最后简述模型复杂度及训练细节。

1. 自编码器预训练

在本步骤中，暂时移除图 2-20 中的 LSTM 及后续部分，而采用如图 2-21 所示的对称结构。这里以时间－距离像分支为例对该对称结构进行说明，时频图分支的结构与此类似。在该对称结构中，距离卷积单元和图 2-20 中的含义相同，起到编码器的作用，将输入的时间－距离像 $\boldsymbol{R}_{\log}$ 提取为特征 $\boldsymbol{z}_{\mathrm{R}}$。距离转置卷积单元的结构和距离卷积单元完全对称，后者将前者的对应卷积层倒序，换为相应的转置卷积层，并保证对应位置的特征图尺寸不变。因此，距离转置卷积单元可以将特征 $\boldsymbol{z}_{\mathrm{R}}$ 还原为和 $\boldsymbol{R}_{\log}$ 同尺寸的重构时间－距离像 $\boldsymbol{R}_{\log,\mathrm{rec}}$。类似地，$\boldsymbol{S}_{\log}$ 经过多普勒卷积单元变为特征 $\boldsymbol{z}_{\mathrm{D}}$，再经多普勒转置卷积单元得到重构的 $\boldsymbol{S}_{\log,\mathrm{rec}}$。这里采用降噪自编码器[20] 模型，即在输入端 $\boldsymbol{R}_{\log}$ 和 $\boldsymbol{S}_{\log}$ 加入少量高斯白噪声，同时训练网络最小化重构结果和未加噪声的输入之间的均方误差，表达式为

$$\mathcal{L}_{\mathrm{U}} = \frac{1}{N_{\mathrm{R}}T_{\mathrm{in}}} \sum_{t=0}^{T_{\mathrm{in}}-1} \sum_{r=0}^{N_{\mathrm{R}}-1} (R_{\log}[r,t] - R_{\log,\mathrm{rec}}[r,t])^2 + \frac{1}{N_{\mathrm{D}}T_{\mathrm{in}}} \sum_{t=0}^{T_{\mathrm{in}}-1} \sum_{k=0}^{N_{\mathrm{D}}-1} (S_{\log}[k,t] - S_{\log,\mathrm{rec}}[k,t])^2$$

$$(2\text{-}14)$$

式中，N_{R} 为时间－距离像的距离单元数；N_{D} 为时频图在多普勒频率维的尺寸；T_{in} 为时间－距离像和时频图在时间维的尺寸。$\boldsymbol{S}_{\log}$ 的尺寸为 $N_{\mathrm{D}} \times T_{\mathrm{in}}$；$\boldsymbol{R}_{\log}$ 的尺寸为 $N_{\mathrm{R}} \times T_{\mathrm{in}}$。

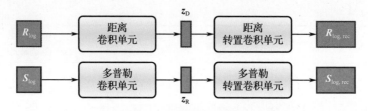

图 2-21 自编码器预训练步骤采用的对称结构

通过自编码器预训练，网络中的 CNN 单元学习了雷达微动信号的较好表征，其网络权重作为下一步有监督训练与推理的初始值。

2. 有监督训练与推理

在本步骤中，采用和图 2-20 中完全相同的结构。其中的 CNN 部分（距离卷积单元和多普勒卷积单元）已经初始化为自编码器预训练后的权重。CNN 滑窗提取的各时刻特征 $z_R[t]$ 和 $z_D[t]$ 在对应的时刻进行拼合，得到总特征 $z[t]$。$z[t]$ 中来源于时间-距离像和时频图的信息将随着后续计算进行融合，即 $z[t]$ 将被送入两层级联的、带有短接支路的 LSTM 层，以进一步提取时间上的较长程特征。这里将短接支路用于级联的 LSTM 层中，相比单层 LSTM 既增强了表征能力，又有利于提高训练的稳定性。LSTM 层的输出被送入一个单点卷积层以产生逻辑输出 $y[c,t](1 \leqslant c \leqslant C, 0 \leqslant t < T)$。其中，$c$ 表示动作类别序号；在本节采用的数据集中，$C=6$；t 为时间下标；根据表 2-10，$T=19$。$y[c,t]$ 可被视为在不同的时刻 t 上，第 c 类动作的一个评分。为了充分利用各个时间点的信息，将 y 沿时间维进行累加，并采用 softmax 函数将其归一化到 [0, 1] 区间，得到该网络的最终输出结果，即各类别的概率，表达式为

$$p_c = \frac{\exp\left(\sum_{t=0}^{T-1} y[c,t]\right)}{\sum_{k=1}^{C} \exp\left(\sum_{t=0}^{T-1} y[k,t]\right)} \tag{2-15}$$

类似前文，本节仍然最小化 p_c 和真实标签 y_c 之间的交叉熵损失函数 $\mathcal{L}_S$，其形式与式（2-9）相同，为方便阅读，将其重写为

$$\mathcal{L}_S = -\sum_i \sum_c y_c^{(i)} \ln p_c^{(i)} \tag{2-16}$$

式中，上标 (i) 表示训练集的样本序号。

在推理阶段，输入一个新的动作样本后，可以在该动作样本推理完全结束后使用式（2-15）输出结果，也可以利用靠前的部分时刻信息提前判别当前动

作样本的类别。令 $p_{c,t}$ 为仅依靠 $0 \sim t$ 时刻的数据得出类别 c 这一结果的概率，则可以通过类似式（2-15）的方法累加 y 得到动作类别的概率，表达式为

$$p_{c,t} = \frac{\exp\left(\sum_{\tau=0}^{t} y[c,\tau]\right)}{\sum_{k=1}^{C} \exp\left(\sum_{\tau=0}^{t} y[k,\tau]\right)} \qquad (2\text{-}17)$$

则式（2-15）成为式（2-17）的特殊形式，即 $p_c = p_{c,T-1}$。

3. 使用单一输入的 R–Net 模型和 D–Net 模型

为了验证将时间 – 距离像 $\boldsymbol{R}_{\log}$ 和时频图 $\boldsymbol{S}_{\log}$ 的特征进行融合对提高识别准确率的积极作用，这里基于 RD-Net 模型给出了如下两个退化版本：R-Net 模型和 D-Net 模型。退化版本仅采用单一的时间 – 距离像或时频图作为输入，并取消了特征融合的部分，其余各层的参数和 RD-Net 模型保持一致。在下一节中将对比 RD-Net 模型和这两个退化版本的识别性能。

4. 模型复杂度分析

这里对本节所提模型的计算复杂度进行简要分析。对于监测人体室内生活动作的系统，若有实时运行的需求，则对计算复杂度和模型规模有较严格的约束。表 2-11 展示了在推理模式下，本节所提模型的总权重数量，以及每 5s 样本所需的加法或乘法浮点运算（Floating Point Operations，FLOPs）次数。相比 2.2 节所提步态识别卷积神经网络，本节所提 RD-Net 模型经过结构优化，明显更加轻量。再通过对比 R-Net 模型和 D-Net 模型的计算复杂度，可知 R-Net 模型是最轻量的，而融合了两种输入的 RD-Net 模型比单一输入的 D-Net 仅增加了少量的存储和计算开销。

表 2-11　推理模式下的模型复杂度

模型	权重数量	每 5s 样本 FLOPs[*]
R-Net	4.82×10^4	2.54×10^6
D-Net	6.58×10^4	6.27×10^6
RD-Net	8.56×10^4	7.73×10^6

注：[*]包括预处理部分。

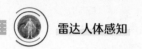

5. 训练细节

本节数据预处理和神经网络的构建均在 TensorFlow 平台的 Keras 环境下实现。本节仍使用 Adam 优化器,共训练 200 轮。在自编码器预训练阶段,设置全局学习率为 0.1,批大小为 32,训练 50 轮。在随后的有监督训练阶段,额外训练 150 轮,其中前 100 轮采用全局学习率 0.01,之后学习率衰减为 0.002,再训练 50 轮。LSTM 层和 FC 层的学习率始终设置为全局学习率的 1/10,其余层的学习率和全局学习率相等。所有的卷积层和转置卷积层中都使用了批归一化和 ReLU 激活函数。另外,对两个训练阶段的输入数据都进行了少量随机平移和缩放作为数据增强手段,以缓解过拟合问题。

2.3.3 实验结果

本节在 2020 年 IET 国际雷达会议提供的"基于雷达的人体行为识别"公开数据集上验证所提模型。如前文所述,该数据集包括一个公布了真实标签的训练集和一个较小规模的、未公布真实标签的测试集,本节在两个数据集上都进行了实验。其中,在训练集上的实验方法如下。将训练集随机划分为 5 个大小接近的子集,并且保证来自同一名受试者的数据仅存在于一个子集中。随后,在这 5 个集合上进行多折交叉验证,每次选取 4 个子集用作训练,剩余一个子集用作测试。这种划分方法保证了训练集中出现过的受试者不会出现在测试集中,模拟了测试中面对未知对象的情形,使实验结果更具说服力。最终的识别准确率取 5 折交叉验证的平均值。在真实标签未知的测试集上的实验方法如下。通过所提模型输出预测标签,提交给指定的服务器,由后者判定结果。在处理测试集上的数据时,还对各模型的输出结果进行了投票融合。

1. 训练集上的实验结果

表 2-12 展示了 R-Net 模型,D-Net 模型和 RD-Net 模型在 5 折交叉验证下的识别准确率,其中最优结果以加粗字体显示。值得注意的是,表中的"平均"一栏的数值并不等于前 5 栏的算术平均,这是由于每折的数据量略有不同,而这里按总样本数进行平均。表中结果证实了将两种输入融合的 RD-Net 模型相比 R-Net 模型和 D-Net 模型,具有更高的识别准确率。符合预期的是,R-Net 模型的识别准确率为三者中最差的,这可能是因为 0.375m 的距离分辨率对微

小的运动来说过于粗糙。D-Net 模型的识别准确率位于第二位，相比 R-Net 模型明显更高（+5.6%），但稍差于 RD-Net 模型（-1.3%）。这一现象表明微多普勒特征仍是该数据集中能够区分各生活运动类别的主要特征，在 RD-Net 模型中也发挥着重要作用。而 RD-Net 模型通过融合两种特征，以比 D-Net 模型计算复杂度略高的代价实现了三者中最优的识别准确率。

表 2-12　5 折交叉验证下各模型的识别准确率（训练集）

模型	识别准确率 /%					
	第一折	第二折	第三折	第四折	第五折	平均
R-Net	87.8	84.6	88.3	88.5	91.1	87.9
D-Net	95.2	90.5	93.4	94.5	94.2	93.5
RD-Net	95.5	92.3	95.4	93.6	97.6	**94.8**

图 2-22 展示了将 5 折交叉验证结果平均后所得 R-Net 模型、D-Net 模型和 RD-Net 模型的混淆矩阵。对矩阵中的每行进行归一化，其中对角线上的数值为各类别的召回率，具体计算公式为

$$\text{Recall} = \frac{\text{TP}}{\text{TP} + \text{FN}} \tag{2-18}$$

式中，TP 是被正确预测为该类别的样本数目；FN 是将该类别错误地预测为其他类别的样本数目。由图 2-22 可见，各类别的召回率从 R-Net 模型到 D-Net 模型再到 RD-Net 模型均稳步提升。下面分类别进行分析。"行走""跌倒"是最容易区分的两个类别，3 个模型的召回率均在 90% 以上。这与图 2-18 和图 2-19 中两种动作在时间 - 距离像与时频图中均表现出较易分辨的特征的观察相吻合。而"捡起物品""喝水"这两个类别贡献了主要的识别错误，可能是因为这两类动作的复杂性导致类内偏差较大。这两类动作的共同点是可以进一步分为两部分。例如，"捡起物品"可能被分为"弯腰捡拾""起身"两部分，而"喝水"可能被分为"拿起水杯""放下水杯"两部分。R-Net 模型对"坐下""起立"这两个类别的识别效果一般，但凭借微多普勒特征可以很好地区分。

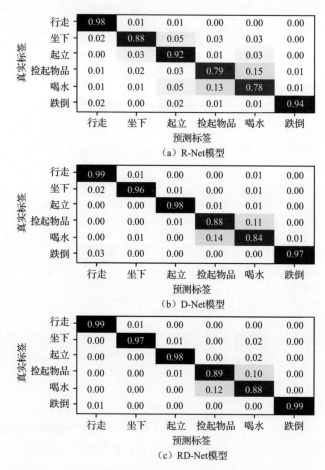

图 2-22 不同模型的混淆矩阵（训练集交叉验证平均值）

2.3.2 节曾提到，可以利用靠前的部分时刻信息提前判别当前时刻动作样本的类别。图 2-23 展示了使用 RD-Net 模型进行推理时，各时刻的输出概率 $p_{c,t}$ 随时间 t 的变化。记第 i 号数据样本在 t 时刻的类别 c 输出概率为 $p_{c,t}^{(i)}$，数据集的样本总数为 N，则图 2-23 中的曲线与阴影分别表示分布在样本上的均值 $\sum_i p_{c,t}^{(i)}/N$ 和正负一个标准差的范围。从图中明显可见 $p_{c,t}$ 的上升趋势，这表明随着动作的进行，RD-Net 模型对输出结果的确信度不断提高。在最容易被误分类的"捡起物品""喝水"类别中，相应的 $p_{4,t}$ 和 $p_{5,t}$ 曲线的斜率是所有曲线中最小的，这表明这两类复杂的动作在进行过程中更加难以区分。而"跌倒"类别对应的 $p_{6,t}$ 在一开始的 1s 内几乎为 0，这是因为在跌倒的启动阶段，多普勒和距离的变化均不明显，需要在动作完成后才能判定。

　　本节进一步对比了 RD-Net 模型、R-Net 模型和 D-Net 模型的识别准确率随时间的变化，如图 2-24 所示。与图 2-23 中显示的趋势类似，图 2-24 中各模型的识别准确率在 2s 附近出现了明显上升的趋势，此时各类动作或已接近完成，或进入主体部分。识别准确率在 4s 左右趋于稳定，随后增长缓慢，此时各类动作已基本结束。这一现象表明，若将提出的室内生活动作识别算法用于实时系统，可通过选择合理的时间 t，在快速响应与高准确率之间做出权衡。此外，相比表 2-12 中 1.3% 的识别准确率差异，RD-Net 模型和 D-Net 模型的识别准确率差异在图 2-24 的中段进一步扩大，其最大差异接近 5%。这一现象再次实证了将时间–距离像和时频图两者融合进行室内生活动作识别的优势。

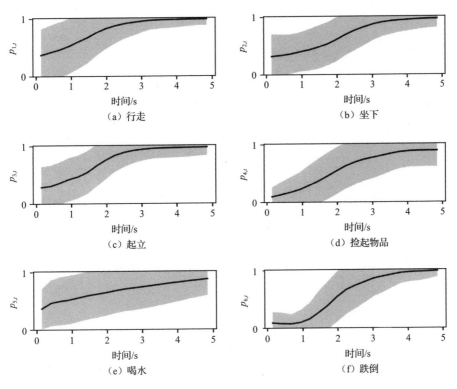

图 2-23　RD-Net 模型预测的概率 $p_{c,t}$ 随样本时间 t 的变化（训练集）

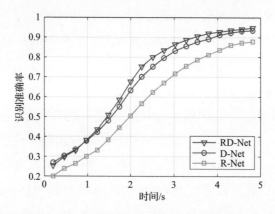

图 2-24　不同模型的识别准确率随时间的变化（训练集）

2. 测试集上的实验结果

通过训练集上的 5 折交叉验证，对于每个模型，经过训练获得 5 个权重不同的深度模型实例，然而其中任意一个都有约 20% 的数据未能参与训练。为了充分利用训练集数据，同时提高算法的鲁棒性，在处理测试集数据时，将 5 个深度模型实例预测的输出融合后作为最终结果。类似 2.2 节中的单输入 CNN 投票融合模型，这里采用投票融合的手段，具体步骤如下。①将测试集中的一个样本按照 2.3.1 节所述方法进行数据预处理，送入训练集上交叉验证所得的 5 个深度模型实例，得到第 k 个深度模型实例输出的概率分布 $p_c^{(k)}(k=1,2,\cdots,5)$，预测的类别 $d^{(k)}$ 为概率最大值对应的下标，即 $d^{(k)}=\text{argmax}_c[p_c^{(k)}]$。②最终结果为 $\{d^{(1)},d^{(2)},d^{(3)},d^{(4)},d^{(5)}\}$ 的众数，若有两个类别出现的频数相同，则选取 $\sum_k p_c^{(k)}$ 较大的一个类别。

图 2-25 给出了测试集上不同模型预测的类别概率 $p_c^{(k,i)}$，其中 $i=1,2,\cdots,100$ 为测试集样本序号，体现在图中的横坐标上；$k=1,2,\cdots,5$ 分别为 5 个深度模型实例的序号。为了便于展示，将不同深度模型实例预测的结果按类别沿纵轴叠放在一起，沿纵轴自上而下分别为 $p_1^{(1,i)},p_1^{(2,i)},\cdots,p_1^{(5,i)},p_2^{(1,i)},p_2^{(2,i)},\cdots,p_2^{(5,i)},\cdots,p_6^{(1,i)},p_6^{(2,i)},\cdots,p_6^{(5,i)}$，即纵轴上的每个类别标签都可以细分为 5 个不同深度模型实例预测的结果。由图可知，使用单一的时间-距离像作为输入的 R-Net 模型的 5 个深度模型实例在较多的测试集样本上没有达成共识；使用单一的时频图作为输入的 D-Net 模型表现略优；融合两种输入的 RD-Net 模型则在更多的样本上达成了较好的共识，表现显著优于两

个退化版本。将这 3 个模型的识别结果上传至 IET 国际雷达会议竞赛指定的服务器，获知三者的识别准确率分别为 99%、98% 和 100%，体现了 RD-Net 模型较另外两者的优势。

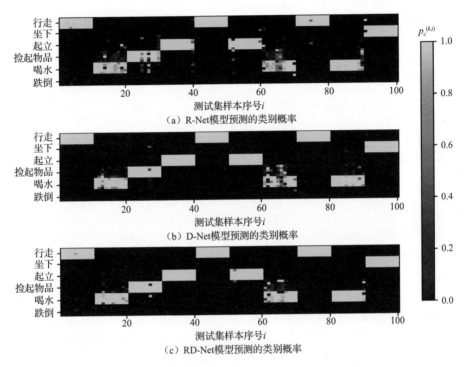

图 2-25　不同模型预测的类别概率 $p_c^{(k,i)}$（测试集）

本章小结

肢体行为识别是判断人的状态、行为意图的有效方式，在智能家居、医疗监护、安全与安防等领域具有重要意义。本章针对雷达肢体行为识别，通过实测数据验证了几种处理方法的有效性[21,22]，并得到以下结论。

（1）雷达数据时频图中包含了肢体行为引起的随时间变化的多普勒信息，可用于区分不同类型的肢体行为。

（2）时间－距离像反映了人体不同部位到雷达的距离和能量，通过融合"时－频－距离"多域数据，能更充分地利用雷达数据中的有用信息，对提升肢体行为识别性能有较大帮助。

（3）对于区分度较大的肢体行为，通过对时频图提取经验特征的方法即可有效识别；深度学习方法能够在区分度较小的肢体行为上提取更深层次、更有效的特征，达到更好的性能。

（4）多基地雷达相比单基地雷达可以提供多个视角的信息，有效克服单视角下对某些肢体行为信息捕捉不完整的困难，从而提升识别性能。

参考文献

[1] SHRESTHA A, KERNEC J L, FIORANELLI F, et al. Elderly care: activities of daily living classification with an S band radar [J]. Journal of Engineering, 2019, 2019(21): 7601-7606.

[2] YANG L, CHEN G, LI G. Classification of personnel targets with baggage using dual-band radar [J]. Remote Sensing, 2017, 9(6): 591-510.

[3] CHEN V C, LI F, HO S S, et al. Micro-Doppler effect in radar: phenomenon, model, and simulation study[J]. IEEE Transactions on Aerospace and Electronic Systems, 2006, 42(1): 2-21.

[4] ULLMANN I, GUENDEL R G, KRUSE N C, et al. A survey on radar-based continuous human activity recognition[J]. IEEE Journal of Microwaves, 2023, 3(3): 938-950.

[5] KIM Y, MOON T. Human detection and activity classification based on micro-Doppler signatures using deep convolutional neural networks [J]. IEEE Geoscience and Remote Sensing Letters, 2016, 13(1): 8-12.

[6] PARK J, JAVIER R J, MOON T, et al. Micro-Doppler based classification of human aquatic activities via transfer learning of convolutional neural networks[J]. Sensors, 2016, 16(12): 1990.

[7] LI M, CHEN T, DU H. Human behavior recognition using range-velocity-time points [J]. IEEE Access, 2020, 8(1): 37914-37925.

[8] JOKANOVIĆ B, AMIN M. Fall detection using deep learning in range-Doppler radars [J]. IEEE Transactions on Aerospace and Electronic Systems, 2018, 54(1): 180-189.

[9] WANG M, CUI G, YANG X, et al. Human body and limb motion recognition via stacked gated recurrent units network [J]. IET Radar, Sonar and Navigation, 2018, 12(9): 1046-1051.

[10] DING C, HONG H, ZOU Y, et al. Continuous human motion recognition with a dynamic range-Doppler trajectory method based on FMCW radar [J]. IEEE Transactions on

Geoscience and Remote Sensing, 2019, 57(9): 6821-6831.

[11] FIORANELLI F, RITCHIE M, GRIFFITHS H. Centroid features for classification of armed/unarmed multiple personnel using multistatic human micro-Doppler [J]. IET Radar, Sonar and Navigation, 2016, 10(9): 1702-1710.

[12] KARABACAK C, GÜRBÜZ S Z, GULDOGAN M B, et al. Multi-aspect angle classification of human radar signatures [C]//Proceedings of the SPIE Active and Passive Signatures IV, Bellingham, WA: SPIE, 2013: 873401-873408.

[13] FIORANELLI F, RITCHIE M, GÜRBÜZ S Z, et al. Feature diversity for optimized human micro-Doppler classification using multistatic radar [J]. IEEE Transactions on Aerospace and Electronic Systems, 2017, 53(2): 640-654.

[14] ÖZCAN M B, GÜRBÜZ S Z, PERSICO A R, et al. Performance analysis of co-located and distributed MIMO radar for micro-Doppler classification [C]//Proceedings of the European Radar Conference (EuRAD), Piscataway, NJ: IEEE, 2016: 85-88.

[15] FIORANELLI F, RITCHIE M, GRIFFITHS H. Performance analysis of centroid and SVD features for personnel recognition using multistatic micro-Doppler [J]. IEEE Geoscience and Remote Sensing Letters, 2016, 13(5): 725-729.

[16] D'ALESSIO T, CONFORTO S. Extraction of the envelope from surface EMG signals[J]. IEEE Engineering in Medicine and Biology Magazine, 2001, 20(6): 55-61.

[17] OQUAB M, BOTTOU L, LAPTEV I, et al. Learning and transferring mid-level image representations using convolutional neural networks [C]//Proceedings of the IEEE Conference on Computer Vision and Pattern Recognition (CVPR), Piscataway, NJ: IEEE, 2014: 1717-1724.

[18] GOODFELLOW I, BENGIO Y, COURVILLE A. Deep learning[M]. Cambridge: MIT Press, 2016.

[19] YANG S, KERNEC J L, ROMAIN O, et al. The human activity radar challenge: benchmarking based on the 'radar signatures of human activities' dataset from Glasgow University[J]. IEEE Journal of Biomedical and Health Informatics, 2023, 27(4): 1813-1824.

[20] VINCENT P, LAROCHELLE H, BENGIO Y, et al. Extracting and composing robust features with denoising autoencoders [C]//Proceedings of the 25th international conference on Machine learning (ICML), Piscataway, NJ: IEEE, 2008: 1096–1103.

[21] 杨乐 . 基于微多普勒分析的雷达人体行为分类研究 [D]. 北京：清华大学，2020.

[22] 陈兆希 . 基于雷达微动信号深度学习的人体行为识别 [D]. 北京：清华大学，2022.

第 3 章

雷达跌倒检测方法

近年来，全球人口老龄化趋势不断加剧。根据联合国发布的《世界人口展望 2022》（*World Population Prospects 2022*），老年人口的数量和占总人口的比例都在增加，65 岁以上人口数量比 65 岁以下人口数量增长得更迅速，全球 65 岁以上人口占比预计将从 2022 年的 10% 上升到 2050 年的 16%，独居老人的人口数量持续增加。身体机能的下降会使老年人出现反应迟钝、行动迟缓、平衡能力下降等负面状态，这会增加跌倒等意外情况发生的概率。跌倒会给身体造成损伤，降低生活质量，是导致老年人死亡和意外伤害的主要原因之一，严重威胁老年人的生命安全[1]。绝大多数老年人在跌倒后无法独立起身，而长时间倒地不起会给老年人的健康带来更严重的负面影响。因此，及时发现老年人跌倒情况，准确判断跌倒的类型，对于有针对性地做出医疗救助、提高治愈率、保证老年人的生命安全至关重要。

目前，很多技术都被研究者用来研究跌倒检测，包括基于接触式设备和非接触式设备的跌倒检测技术两类。基于接触式设备的跌倒检测技术主要依靠惯性传感器（如加速度仪、陀螺仪等）[2-4]，通过检测身体的姿态变化和运动速度进行跌倒检测。这类技术需要在人身上佩戴传感器[5]，会对人的日常生活形成一定的限制，并且易受其他运动行为的干扰从而造成误报。用于跌倒检测的非接触式设备主要包括音频传感器、视觉传感器和雷达传感器 3 种。基于音频传感器的跌倒检测技术主要通过声音信息判断人的跌倒情况[6-8]。这类技术无法区别跌倒的具体类型，当跌倒缓慢、声音较小或环境噪声较大时，声音分辨能力下降，跌倒检测效果大幅降低。基于视觉传感器的跌倒检测技术以视频的形式记录场景中的目标运动情况，并结合人工智能技术对视频中的跌倒行为进行检测[9-11]。这类技术对人运动情况的观察更加全面，但是易受光照、灰尘等环境因素的影响，且涉及隐私保护问题，不适合在卫生间、卧室等私密场景中使用。基于雷达传感器的跌倒检测技术通过发射并接收电磁波感知目标的运动，具有全天时、全天候、不侵犯隐私的特点[12]。Hanifi 等使用 24GHz 的连续波雷达实现了老年人跌倒检测和生理信号监测，他们提出了一种低复杂度的大幅度身体活动检测步骤，并通过机器学习方法进行跌倒检测[13]。Jin 等基于毫米波雷达设计了一种新型跌倒检测系统，通过毫米波雷达采集人体点云和人体中心点，并使用变分循环神经网络自编码器根据采集的点云计算人体运动的异常级别，具有较好的跌倒检测性能[14]。

在实际应用场景中，跌倒情况呈现出多样化的特点。例如，在有些情况下，跌倒过程较为缓慢，人体的运动速度并不快；而在有些情况下，人体可能并未完全倒地，而是上半身直立，类似坐在地上。这些跌倒情况在生活中都较为常见，但现有的基于雷达传感器的跌倒检测技术往往无法应对，导致漏检或虚警问题的存在。

为了准确检测出多样化的跌倒情况，本章提出了一种基于毫米波雷达的跌倒行为多层次检测方法[15]。首先，对毫米波雷达信号进行数据预处理，得到多尺度时间－距离像、距离－多普勒谱和目标相对于雷达的角度信息。然后，通过特定算法提取人体运动过程中的关键信息，包括目标距离、目标高度、运动方向、运动速度等。最后，根据这些关键信息确定人体目标是否发生跌倒，实现跌倒检测。

3.1 实验场景与数据采集

本章使用德国英飞凌公司生产的型号为 BGT60TR13C 的 FMCW 毫米波雷

达采集人体跌倒数据。雷达芯片外观如图 3-1（a）所示，其载波频率 $f_0 = 60\text{GHz}$，带宽 $B = 1.5\text{GHz}$，帧频为 10Hz，每帧有 128 个 chirp，其信号波形和基本处理方法与第 1 章中的快速 chirp 信号类似（见 1.5.3 节和 1.5.4 节）。该毫米波雷达装置设有 3 个接收天线（分别记为 Rx1、Rx2 和 Rx3）、1 个发射天线（记为 Tx），如图 3-1（b）所示。其中，Rx1 天线和 Rx3 天线在垂直方向上的中心间距为 $\lambda/2$，Rx2 天线和 Rx3 天线在水平方向上的中心间距为 $\lambda/2$，$\lambda = c/f_0 = 5\text{mm}$ 为雷达的载波波长，c 为光速。

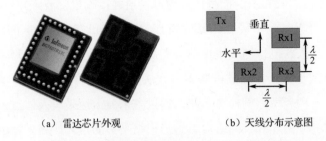

（a）雷达芯片外观 　　　　　　　（b）天线分布示意图

图 3-1　用于跌倒检测的 FMCW 毫米波雷达

　　在实验中，受试者会在雷达监测的情况下做出跌倒和非跌倒动作。其中，跌倒动作包括全身跌倒和坐倒，非跌倒动作包括坐下、蹲下、站立等易使雷达出现虚警的动作。在理想环境下和存在干扰的环境下分别进行实验，以验证本章所提跌倒行为多层次检测方法的可靠性与准确性。其中，理想环境包括居家卫生间、会议室等场景；存在干扰的环境中包括在不同高度转动的风扇 2 个、盆栽 3 盆、模拟浴帘 1 个、纸张 1 叠，这些物体在风扇的吹动下会出现抖动，干扰雷达对人体跌倒的检测。跌倒检测数据采集场景如图 3-2 所示，雷达安装在所监测场景内天花板的正中间，其 LOS 垂直向下，不同场景下雷达的安装高度由天花板的高度决定，一般为 $2.1 \sim 3.2\text{m}$。

图 3-2　跌倒检测数据采集场景

3.2 跌倒行为多层次检测方法

3.2.1 数据预处理

雷达原始信号数据量大、形式复杂，很难直接用于跌倒检测。因此，需要从差频信号中提取具备物理意义的信号谱图和特征，用于进一步的跌倒检测和跌倒类型判别。其中，差频信号的常规处理方式与 1.5.3 节类似，本章中的一帧可以理解为第 1 章中的一个相参处理间隔，在一个相参处理间隔内有 128 个 chirp（$M = 128$），每个 chirp 内有 128 个采样点（$L = 128$）。

1. 时间 – 距离像

时间 – 距离像反映雷达探测范围内不同距离处回波的能量，可以刻画目标的重要结构特征。在跌倒检测中，时间–距离像可以在一定程度上反映人体姿态、人体与雷达的位置关系等信息，具有重要意义。在处理雷达回波信号并得到场景的距离维复信号后，再在不同的时间尺度上对距离维复信号进行动目标提取，可以得到多尺度时间–距离像，包括从帧内动目标上提取得到的细尺度时间–距离像和从帧间动目标上提取得到的粗尺度时间–距离像，具体处理步骤如下。

1）细尺度时间–距离像

与 1.5.3 节类似，首先对每帧的差频信号进行快时间维 FFT，得到单帧距离维复信号 $y[l, m]$。本节对连续的多帧进行与上述相同的处理，并拼接成多帧距离维复信号 $y_1[l, m, n]$，其中 l 表示距离门序号，m 表示每帧内的 chirp 序号，n 表示帧序号。多帧距离维复信号提取流程如图 3-3 所示。

然后对每帧内的 M 个距离维复信号进行静止杂波抑制，得到细尺度距离维复信号，表达式为

$$y_2[l, m, n] = y_1[l, m, n] - \frac{1}{M} \sum_{m=0}^{M-1} y_1[l, m, n] \tag{3-1}$$

最后对每帧内的细尺度距离维复信号求绝对值，并在帧内的慢时间维求均值，可以得到细尺度时间 – 距离像（见图 3-4），表达式为

$$R_{\text{Micro}}[l, n] = \frac{1}{M} \sum_{m=0}^{M-1} |y_2[l, m, n]| \tag{3-2}$$

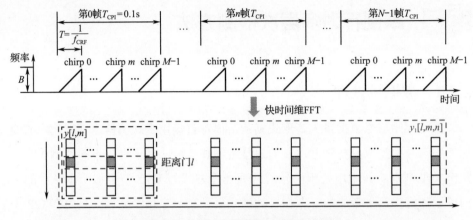

图 3-3　多帧距离维复信号提取流程

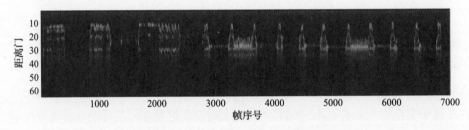

图 3-4　细尺度时间－距离像

2）粗尺度时间－距离像

首先对每帧内的 M 个距离维复信号在慢时间维求均值，得到粗尺度距离维复信号，表达式为

$$y_3[l,n] = \frac{1}{M}\sum_{m=0}^{M-1} y_1[l,m,n] \tag{3-3}$$

然后取相邻 K 帧的粗尺度距离维复信号，依次进行帧间静止杂波抑制、求绝对值及帧间平均处理，可以得到粗尺度时间－距离像（见图 3-5），表达式为

$$R_{\text{Macro}}[l,n] = \frac{1}{K}\sum_{a=n-K+1}^{n}\left| y_3[l,a] - \frac{1}{K}\sum_{b=n-K+1}^{n} y_3[l,b] \right| \tag{3-4}$$

2. 角度信息

本章所使用的毫米波雷达设备包含多个接收天线，联合分析多个接收天线的回波信号可以测量出场景内目标相对于雷达的俯仰角 φ 和方位角 θ，如图 3-6 所示。以方位角测量为例，根据式（1-17），目标相对于雷达的方位角

可由以下公式计算。

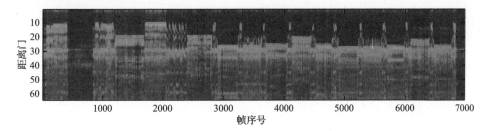

图 3-5　粗尺度时间 − 距离像

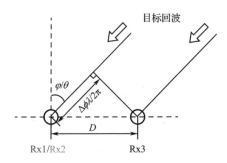

图 3-6　多天线测角示意

$$\theta = \arcsin\left(\frac{\Delta\phi\lambda}{2\pi D}\right) \qquad (3\text{-}5)$$

式中，$\Delta\phi$ 为 Rx2 和 Rx3 接收回波的相位差；D 为 Rx2 和 Rx3 之间的间距。本章使用的雷达相邻天线之间的间距 $D = \lambda/2$，因此可以将目标相对于雷达的方位角的计算公式进一步写为

$$\theta = \arcsin\left(\frac{\Delta\phi}{\pi}\right) \qquad (3\text{-}6)$$

对 Rx1 和 Rx3 上的接收回波做如上相同处理，可以得到目标相对于雷达的俯仰角 φ。目标角度提取的详细步骤如算法 3-1 所示。

算法 3-1：目标角度提取算法

输入：3 个接收天线提取的细尺度距离维复信号 $y_{2,\mathrm{Rx1}}[l,m,n]$、$y_{2,\mathrm{Rx2}}[l,m,n]$ 和 $y_{2,\mathrm{Rx3}}[l,m,n]$

输出：目标相对于雷达的俯仰角 $\varphi[l,n]$ 和方位角 $\theta[l,n]$

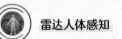

第 1 步： 提取俯仰向 Rx1 和 Rx3 接收回波的相位差

$$\Delta\phi_V[l,n] = \arg\left(\frac{1}{M}\sum_{m=0}^{M-1}y_{2,\text{Rx1}}[l,m,n]y_{2,\text{Rx3}}^*[l,m,n]\right)$$

第 2 步： 提取方位向 Rx2 和 Rx3 接收回波的相位差

$$\Delta\phi_H[l,n] = \arg\left(\frac{1}{M}\sum_{m=0}^{M-1}y_{2,\text{Rx2}}[l,m,n]y_{2,\text{Rx3}}^*[l,m,n]\right)$$

第 3 步： 计算目标相对于雷达的俯仰角

$$\varphi[l,n] = \arcsin\left(\frac{\Delta\phi_V[l,n]}{\pi}\right)$$

第 4 步： 计算目标相对于雷达的方位角

$$\theta[l,n] = \arcsin\left(\frac{\Delta\phi_H[l,n]}{\pi}\right)$$

式中，$\varphi[l,n]$ 表示在第 n 帧第 l 个距离门上求得的俯仰角；$\theta[l,n]$ 表示在第 n 帧第 l 个距离门上求得的方位角

3. 距离 – 多普勒谱

距离 – 多普勒谱可以反映目标相对于雷达的距离和速度信息，多帧距离 – 多普勒谱具备刻画目标运动的能力。对上述细尺度距离维复信号在帧内进行慢时间维加窗 FFT 处理，并求取绝对值，即可提取每帧的距离 – 多普勒谱，具体公式为

$$R_{\text{Doppler}}[l,k,n] = \left|\sum_{m=0}^{M-1}y_2[l,m,n]w[m]\exp\left(-\frac{\mathrm{j}2\pi km}{M}\right)\right| \tag{3-7}$$

式中，$w[m]$ 为长度为 M 的窗函数。图 3-7 展示了在一次跌倒过程中从几个不同帧提取的距离 – 多普勒谱，可见随时间变化的距离 – 多普勒谱能够描述人体跌倒的动态过程。

3.2.2 特征提取

为了实现跌倒行为的多层次检测，本节基于 3.2.1 节中提取的时间-距离像、角度信息和距离 – 多普勒谱，进一步提取跌倒过程中的关键特征。跌倒关键特征提取流程如图 3-8 所示。

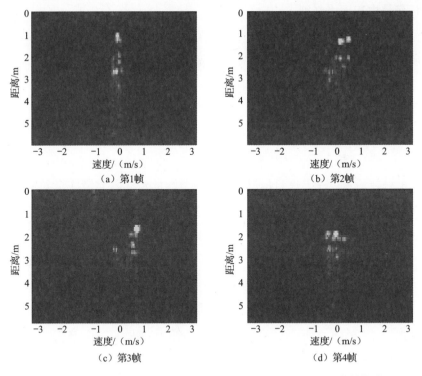

图 3-7　在一次跌倒过程中从几个不同帧提取的距离 – 多普勒谱

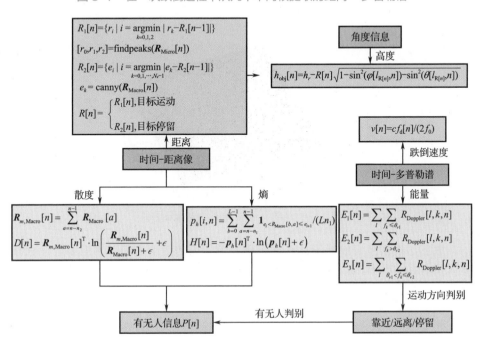

图 3-8　跌倒关键特征提取流程

1. 场景内有无人判别

根据 3.2.1 节中提取的粗尺度时间 – 距离像和距离 – 多普勒谱，可以判断监测场景内是否有人，将场景内是否有人记为 $P[n]$，$P[n]=1$ 表示场景内有人，$P[n]=0$ 则表示场景内无人。算法中关于场景内是否有人的检测操作是持续进行的，并且需要考虑之前时刻的状态，在初始时刻可以认为前一时刻不存在人体目标。

1）上一帧场景内无人体目标

当上一帧场景内无人体目标时，根据场景内的运动方向信息判定人体目标的存在情况。3.2.1 节中提取了反映距离和速度信息的距离 – 多普勒谱，在此基础上可以实现场景内运动方向的判别，具体实现方式如下。

首先，利用有序统计恒虚警率（Order-Statistics Constant False-Alarm Rate）检测技术[16]，采用滑窗的方式对距离 – 多普勒谱中的数据进行处理，确定检测阈值，并遍历滑窗内的数据，提取大于检测阈值的数据及其坐标，生成雷达点云，如图 3-9 所示。图中的红色点标记了该距离 – 多普勒谱通过 OS-CFAR 生成的点云。

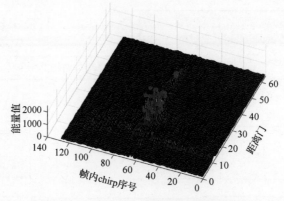

图 3-9 距离 – 多普勒谱生成点云示意

然后，根据点云的能量和坐标来确定场景内的运动方向（靠近雷达、远离雷达或原地停留）。对雷达信号而言，正多普勒部分代表靠近雷达的运动方向，负多普勒部分代表远离雷达的运动方向，分别提取多普勒坐标小于阈值 θ_{v1}、大于阈值 θ_{v2} 和大于阈值 θ_{v1} 且小于阈值 θ_{v2} 的点云，并分别计算这 3 类点云的

能量 E_1、E_2 和 E_3，具体计算公式分别为

$$E_1[n] = \sum_l \sum_{f_k \leqslant \theta_{v1}} R_{\text{Doppler}}[l,k,n] \tag{3-8}$$

$$E_2[n] = \sum_l \sum_{f_k > \theta_{v2}} R_{\text{Doppler}}[l,k,n] \tag{3-9}$$

$$E_3[n] = \sum_l \sum_{\theta_{v1} < f_k \leqslant \theta_{v2}} R_{\text{Doppler}}[l,k,n] \tag{3-10}$$

式中，$f_k = kf_{\text{CRF}}/M$，f_{CRF} 为每帧内的扫频重复频率。根据 3 类能量之间的相对关系，可以判断场景内的运动方向。运动方向判别算法的详细步骤如算法 3-2 所示。图 3-10 展示了运动方向判别结果示意，可以看到，当场景内有人跌倒时，会出现明显的远离雷达的运动；当场景内受试者模拟倒地挣扎时，运动方向在远离雷达、原地停留和靠近雷达之间反复跳变，这与实际情况一致。

算法 3-2：运动方向判别算法

输入：能量值 $E_1[n]$、$E_2[n]$ 和 $E_3[n]$
输出：场景内的运动方向

第 1 步：计算能量差 $\Delta E[n] = E_1[n] - E_2[n]$
第 2 步：判断
若 $\theta_{e1} \leqslant \Delta E[n] \leqslant \theta_{e2}$ 或 $E_3[n] > \theta_{e3}$，则第 n 帧场景内的运动方向为原地不动
若 $\Delta E[n] < \theta_{e1}$，则第 n 帧场景内的运动方向为靠近雷达
若 $\Delta E[n] > \theta_{e2}$，则第 n 帧场景内的运动方向为远离雷达
其中，θ_{e1}、θ_{e2} 和 θ_{e3} 为能量判别阈值

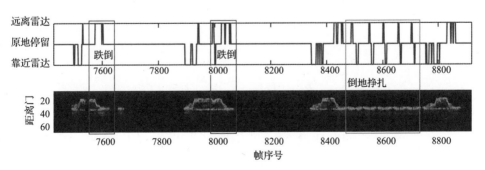

图 3-10　运动方向判别结果示意

在对场景内的运动方向进行判别的基础上，当上一帧场景内不存在人体目标时，若出现靠近雷达方向的运动，则认为当前帧场景内存在人体目标（$P[n]=1$），否则认为当前帧场景内不存在人体目标（$P[n]=0$）。

2）上一帧场景内有人体目标

当上一帧场景内存在人体目标时，根据粗尺度时间－距离像中能量分布的熵和不同帧之间粗尺度时间－距离像的相似程度判定人体目标的存在情况，具体实现方式如下。

首先，统计当前帧之前 n_1 帧内的粗尺度时间－距离像能量值的直方图，进行归一化处理，近似得到粗尺度时间－距离像能量值的概率分布，计算公式为

$$p_h[i,n]=\frac{\sum_{b=0}^{L-1}\sum_{a=n-n_1}^{n-1}\mathbf{1}_{e_i<R_{\mathrm{Macro}}[b,a]\leqslant e_{i+1}}}{Ln_1} \tag{3-11}$$

$$\mathbf{1}_x=\begin{cases}1,\ x\text{为真}\\0,\ x\text{为假}\end{cases} \tag{3-12}$$

式中，$\mathbf{1}_x$ 为指示函数；$e_i=0.5i-10$（$i=0,1,\cdots,100$）为直方图统计的边界。

然后，计算上述得到的能量值概率分布的熵，计算公式为

$$H[n]=-\boldsymbol{p}_h[n]^{\mathrm{T}}\cdot\ln(\boldsymbol{p}_h[n]+\epsilon) \tag{3-13}$$

式中，$\boldsymbol{p}_h[n]=[p_h[0,n],p_h[1,n],\cdots,p_h[99,n]]^{\mathrm{T}}$ 为当前帧之前 n_1 帧内的粗尺度时间－距离像的能量值归一化得到的概率分布向量；ϵ 为一个数值较小的正数。熵 $H[n]$ 是一个度量随机变量的不确定性的参数，这里得到的熵可以刻画第 n 帧距离像中能量分布的不确定程度。

最后，计算当前帧之前 n_2 帧内的粗尺度时间－距离像的均值作为模板，并计算当前帧的粗尺度时间－距离像与模板之间的散度，计算公式为

$$\boldsymbol{R}_{m,\mathrm{Macro}}[n]=\sum_{a=n-n_2}^{n-1}\boldsymbol{R}_{\mathrm{Macro}}[a] \tag{3-14}$$

$$D[n]=\boldsymbol{R}_{m,\mathrm{Macro}}[n]^{\mathrm{T}}\cdot\ln\left(\frac{\boldsymbol{R}_{m,\mathrm{Macro}}[n]}{\boldsymbol{R}_{\mathrm{Macro}}[n]+\epsilon}+\epsilon\right) \tag{3-15}$$

式中，$\boldsymbol{R}_{m,\mathrm{Macro}}[n]$ 为当前帧之前 n_2 帧内的粗尺度时间－距离像的均值向量；$\boldsymbol{R}_{\mathrm{Macro}}[a]=[R_{\mathrm{Macro}}[0,a],R_{\mathrm{Macro}}[1,a],\cdots,R_{\mathrm{Macro}}[M-1,a]]^{\mathrm{T}}$ 为第 a 帧的粗尺度时间－距

离像。散度 $D[n]$ 是衡量两个概率分布之间差异的度量，这里用于刻画不同帧之间距离像的相似程度。

当上一帧场景内有人体目标存在时，根据计算得到的熵和散度判断当前帧有无人存在。式（3-13）中计算的熵反映了当前帧前一段时间内粗尺度时间 - 距离像上能量随距离的分布情况。当场景内存在人体目标时，能量分布较为分散且多变，熵值较大；当场景内不存在人体目标时，能量分布集中且稳定，熵值较小。但在实际情况中，人从场景内离开时关门导致的门的晃动、吊顶的震动等可能会产生一些具有固有模式的干扰，导致当场景内不存在人体目标时计算出来的熵值仍然较大，影响判别结果。而式（3-14）中计算的散度反映了当前帧的粗尺度时间 - 距离像和前一段时间粗尺度时间 - 距离像均值之间的相似程度，在人从场景内离开但存在上述固有模式干扰的情况下，散度的取值较小，可以辅助有无人判别。图 3-11 展示了一段时间内的粗尺度时间 - 距离像、能量分布、熵和散度示意。当时间 - 距离像的熵 $H[n]$ 小于阈值 θ_H 或时间 - 距离像散度 $D[n]$ 小于阈值 θ_D 时，则认为当前帧场景内不存在无人体目标（$P[n]=0$），否则认为当前帧场景内存在人体目标（$P[n]=1$）。

2. 跌倒速度提取

根据 3.2.1 节中提取的距离 - 多普勒谱，可以提取场景内目标的跌倒速度。

首先，遍历每帧距离 - 多普勒谱中的数据，提取能量最强点对应的多普勒频率 $f_d[n]$ 和能量值 $E_d[n]$，计算公式分别为

$$f_d[n]=k_{\max}f_{CRF}/M,\ k_{\max}=\arg\max_{l,k}R_{Doppler}[l,k,n] \tag{3-16}$$

$$E_d[n]=\max_{l,k}R_{Doppler}[l,k,n],\ l\in[0,L-1],\ k\in[0,M-1] \tag{3-17}$$

结合图 3-2 可知，当人跌倒时，人体只可能远离雷达运动。因此，在提取跌倒速度时只关注负多普勒部分。当多普勒能量 $E_d[n]$ 大于阈值 θ_E 且 $f_d[n]$ 为负数时，可由 $v[n]=cf_d[n]/(2f_0)$ 计算目标的跌倒速度；否则，判定场景内目标由跌倒引起的速度为零。

3. 目标距离提取

根据 3.2.1 节中提取的时间 - 距离像和算法 3-2 得到的目标运动方向，可以提取目标相对于雷达的距离。

雷达人体感知

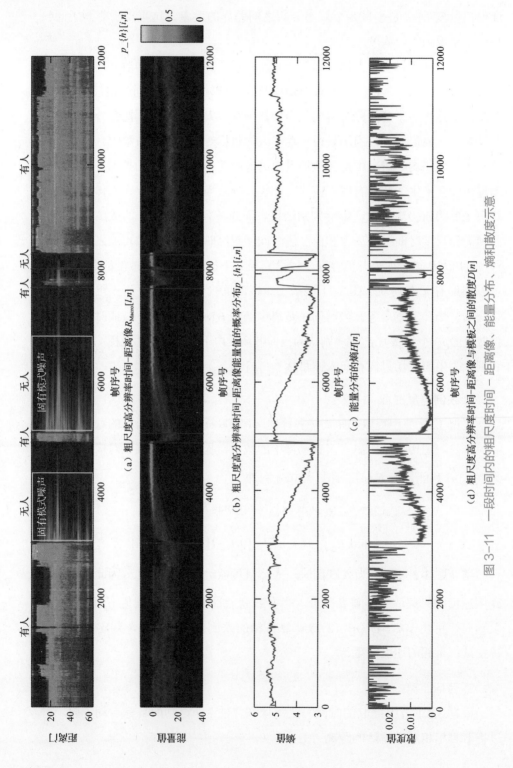

图 3-11 一段时间内的粗尺度高分辨率时间-距离图像、熵和散度示意

首先，在细尺度时间－距离像中根据能量的大小及前一帧提取的历史数据，初步提取目标与雷达之间的距离；由于在提取细尺度时间－距离像时抑制了低频能量，主要包含和跌倒等快速运动相关的高频能量，当目标的运动方向为原地停留时，细尺度时间－距离像可能无法反映目标的位置，所以利用粗尺度时间－距离像对提取结果进行校准。Canny 边缘检测算法是一种多阶段算法，用于检测图像中的边缘[17]。本节利用 Canny 边缘检测算法提取粗尺度时间－距离像中的边缘位置，以便提取目标与雷达最近点之间的距离。目标距离提取算法的详细步骤如算法 3-3 所示。

算法 3-3：目标距离提取算法

输入：细尺度时间－距离像$\boldsymbol{R}_{\text{Micro}}[n]$、粗尺度时间－距离像$\boldsymbol{R}_{\text{Macro}}[n]$，前一帧的初步目标距离$R_1[n-1]$和校准目标距离$R_2[n-1]$

输出：当前帧目标距离$R[n]$

第 1 步：$[r_0, r_1, r_2] = \text{findpeaks}(\boldsymbol{R}_{\text{Micro}}[n])$，其中，$r_0, r_1, r_2$ 为$\boldsymbol{R}_{\text{Micro}}[n]$ 中峰值能量最强的 3 个点所代表的距离，当前帧的初步目标距离为

$$R_1[n] = \{r_i \mid i = \underset{k=0,1,2}{\arg\min} \mid r_k - R_1[n-1] \mid\}$$

第 2 步：当目标运动时，当前帧的校准目标距离$R_2[n] = R_1[n]$

第 3 步：当目标原地停留时，利用 Canny 边缘算法提取$\boldsymbol{R}_{\text{Macro}}[n]$的边缘位置 $e_k(k = 0,1,\cdots,N_e - 1)$，$N_e$ 为边缘位置数，当前帧的校准目标距离为

$$R_2[n] = \{e_i \mid i = \underset{k=0,1,\cdots,N_e-1}{\arg\min} \mid e_k - R_2[n-1] \mid\}$$

$$e_k = \text{canny}(R_{\text{Macro}}[n])$$

第 4 步：当前帧目标距离$R[n] = R_2[n]$

---

4. 目标离地高度提取

根据算法 3-1 和算法 3-3 提取的目标相对于雷达的角度与距离，可以计算目标离地高度，高度信息在跌倒检测中具有重要的意义。

假设目标与雷达之间的相对位置如图 3-12 所示，可计算得到目标离地高度，计算公式为

$$\begin{aligned}
h_{\text{obj}}[n] &= h_r - R[n]\sqrt{1 - \cos^2 \alpha_x - \cos^2 \alpha_y} \\
&= h_r - R[n]\sqrt{1 - \sin^2(\varphi[l_{R[n]}, n]) - \sin^2(\theta[l_{R[n]}, n])}
\end{aligned} \tag{3-18}$$

式中，$h_{\text{obj}}[n]$ 为第 n 帧目标离地高度；$R[n]$ 为根据算法 3-3 提取的第 n 帧目标与雷达之间的距离；$\varphi[l,n]$ 和 $\theta[l,n]$ 的含义与算法 3-1 中的相同；$l_{R[n]}$ 为 $R[n]$ 对应的距离门序号；h_r 为雷达距离地面的高度。

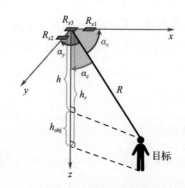

图 3-12　目标与雷达之间的相对位置

3.2.3　多尺度跌倒检测

本节针对不同类型的跌倒检测分别设计不同的算法，使本章所提方法可适用于日常生活中的多种跌倒情形，提高跌倒检测的准确度。

1. 快速跌倒检测

快速跌倒是指目标的跌倒过程非常迅速，人体由站立状态到倒地状态的整个过程在很短的时间内（如小于 0.5s）完成，且跌倒完成后，人体主体全部倒在地面上。快速跌倒检测算法的具体步骤如算法 3-4 所示。

算法 3-4：快速跌倒检测算法

输入：跌倒速度 $v[n]$、目标离地高度 $h_{\text{obj}}[n]$、有无人信息 $P[n]$

输出：快速跌倒检测结果

第 1 步：如果出现 $v[n] > \theta_v$，且随后若干帧内目标远离雷达并存在 $h_{\text{obj}}[n] < \theta_{h1}$，则认为发生疑似快速跌倒

第 2 步：对疑似快速跌倒后的若干帧进行判断

如果持续 $P[n] = 1$ 且 $h_{\text{obj}}[n] \leq \theta_{h2}$，则认为检测到快速跌倒行为；否则重回第 1 步

其中，θ_v 为速度阈值，θ_{h1} 和 θ_{h2} 为高度阈值

---

2. 普通跌倒检测

普通跌倒是指目标的跌倒过程较为平缓，人体由站立状态到倒地状态的整个过程在较短的时间内（如 0.5 ~ 2s）完成，且跌倒完成后，人体主体全部倒在地面上。普通跌倒检测算法的具体步骤如算法 3-5 所示。

算法 3-5：普通跌倒检测算法

输入：目标远离雷达持续时间 Δt_a、目标离地高度 $h_{obj}[n]$、有无人信息 $P[n]$

输出：普通跌倒检测结果

第 1 步：如果出现 $\Delta t_a > \theta_{d1}$，且随后若干帧内存在 $h_{obj}[n] < \theta_{h3}$、高度小于阈值 θ_{h4} 的持续时间 $\Delta t_{(h_{obj} < \theta_{h4})} > \theta_{t1}$，则认为发生疑似普通跌倒

第 2 步：对疑似普通跌倒后的若干帧进行判断

如果持续 $P[n] = 1$ 且 $h_{obj}[n] \leqslant \theta_{h5}$，则认为检测到普通跌倒行为；否则重回第 1 步

其中，θ_{d1} 和 θ_{t1} 为时间阈值，θ_{h3}、θ_{h4} 和 θ_{h5} 为高度阈值

---

3. 缓慢跌倒检测

缓慢跌倒是指目标的跌倒过程较为缓慢，人体由站立状态到倒地状态的整个过程在较长的时间内（如 2 ~ 10s）完成，且跌倒完成后，人体主体全部倒在地面上。缓慢跌倒的检测方法与普通跌倒类似，但用于检测缓慢跌倒的时间阈值更大。缓慢跌倒检测算法的具体步骤如算法 3-6 所示。

算法 3-6：缓慢跌倒检测算法

输入：目标远离雷达持续时间 Δt_a、目标离地高度 $h_{obj}[n]$、有无人信息 $P[n]$

输出：缓慢跌倒检测结果

第 1 步：如果出现 $\Delta t_a > \theta_{d2}$，且随后若干帧内存在 $h_{obj}[n] < \theta_{h6}$、高度小于阈值 θ_{h7} 的持续时间 $\Delta t_{(h_{obj} < \theta_{h7})} > \theta_{t2}$，则认为发生疑似缓慢跌倒

第 2 步：对疑似缓慢跌倒后的若干帧进行判断

如果持续 $P[n] = 1$ 且 $h_{obj}[n] \leqslant \theta_{h8}$，则认为检测到缓慢跌倒行为；否则重回第 1 步

其中，θ_{d2} 和 θ_{t2} 为时间阈值，θ_{h6}、θ_{h7} 和 θ_{h8} 为高度阈值，且 $\theta_{d2} > \theta_{d1}$，$\theta_{d1}$ 为算法 3-5 中的时间阈值

---

4. 坐倒检测

坐倒是指目标跌倒行为完成后半躺在地面上，人体由站立状态到倒地状态的整个过程不限时，且跌倒完成后，人体下半身在地面上，上半身不碰地面，坐在地面上。坐倒相比于前 3 种跌倒方式，其特征区分度更低，也给检测带来了挑战。

这里首先引入坐倒行为的特征模板 $\boldsymbol{R}_{\text{kernal}} \in \mathbb{R}^{L \times n_3}$，它由包含跌倒行为的细尺度时间 - 距离像样本（时长为 n_3 帧）经主成分分析得到。假设原始数据矩阵为 $\boldsymbol{X} = [\boldsymbol{x}_0, \boldsymbol{x}_1, \cdots, \boldsymbol{x}_{S-1}] \in \mathbb{R}^{Ln_3 \times S}$，其中，$S$ 表示样本数量。$\boldsymbol{x}_i$ 表示时长为 n_3 帧的细尺度时间 - 距离像沿列展开成一维后的列向量，Ln_3 表示特征数量。对 $\boldsymbol{X}$ 进行主成分分析，可得

$$\boldsymbol{\mu} = \frac{1}{S} \sum_{i=0}^{S-1} \boldsymbol{x}_i \tag{3-19}$$

$$\boldsymbol{C} = (\boldsymbol{X} - \boldsymbol{\mu})(\boldsymbol{X} - \boldsymbol{\mu})^{\mathrm{T}} \tag{3-20}$$

$$\boldsymbol{C} = \boldsymbol{Q} \boldsymbol{\Lambda} \boldsymbol{Q}^{-1} \tag{3-21}$$

式中，$\boldsymbol{\mu}$ 为 S 个样本的均值向量；$\boldsymbol{Q} = [\boldsymbol{q}_0, \boldsymbol{q}_1, \cdots, \boldsymbol{q}_{Ln_3-1}]$ 为协方差矩阵 $\boldsymbol{C}$ 的特征向量组成的矩阵；$\boldsymbol{\Lambda}$ 为一个对角矩阵，每个对角元素是一个特征值，特征值按照从大到小的顺序排列。选取前 k 个最大特征值对应的特征向量，计算其均值并恢复为二维特征模板 $\boldsymbol{R}_{\text{kernal}}$，计算公式为

$$\boldsymbol{q}_{\text{kernal}} = \frac{1}{k} \sum_{i=0}^{k-1} \boldsymbol{q}_i \tag{3-22}$$

$$\boldsymbol{R}_{\text{kernal}} = [\boldsymbol{q}_{\text{kernal}}[0:L-1], \boldsymbol{q}_{\text{kernal}}[L:2L-1], \cdots, \boldsymbol{q}_{\text{kernal}}[L(n_3-1):Ln_3-1]] \tag{3-23}$$

同时，将均值向量也恢复为二维均值时间 - 距离像，记作 $\boldsymbol{R}_{\mu}$，计算公式为

$$\boldsymbol{R}_{\mu} = [\boldsymbol{\mu}[0:L-1], \boldsymbol{\mu}[L:2L-1], \cdots, \boldsymbol{\mu}[L(n_3-1):Ln_3-1]] \tag{3-24}$$

接下来计算当前帧之前 n_3 帧内的细尺度时间 - 距离像与特征模板之间的匹配度，计算公式为

$$M[n] = \sum_{b=0}^{L-1} \sum_{a=0}^{n_3-1} (R_{\text{Micro}}[b, n-a] - R_{\mu}[b, n_3-1-a]) R_{\text{kernal}}[b, n_3-1-a] \tag{3-25}$$

式中，$R_{\text{kernal}}[l, n]$ 为上述得到的二维特征模板。若式（3-25）中的匹配度数值较大，则判断发生坐倒行为。坐倒检测算法的具体步骤如算法 3-7 所示。

算法 3-7：坐倒检测算法

输入：目标远离雷达持续时间Δt_a、目标离地高度$h_{\text{obj}}[n]$、有无人信息$P[n]$、模板匹配度$M[n]$

输出：坐倒检测结果

第 1 步：如果出现$\Delta t_a > \theta_{d3}$，且随后若干帧内存在$h_{\text{obj}}[n] < \theta_{h9}$、高度小于阈值$\theta_{h10}$的持续时间$\Delta t_{(h_{\text{obj}} < \theta_{h10})} > \theta_{t3}$、$M[n] > \theta_{Ke}$，则认为发生疑似坐倒

第 2 步：对疑似坐倒后的若干帧进行判断

如果持续$P[n] = 1$且$h_{\text{obj}}[n] \leqslant \theta_{h11}$，则认为检测到坐倒行为；否则重回第 1 步

其中，θ_{d3}和θ_{t3}为时间阈值，θ_{h9}、θ_{h10}和θ_{h11}为高度阈值，θ_{Ke}为特征模板匹配度阈值。

3.3　实验结果

3.3.1　典型样本分析

图 3-13 和图 3-14 分别展示了一次缓慢跌倒与坐倒的运动方向、目标高度、目标距离、细尺度时间－距离像。从图中可知，在跌倒发生的过程中，人体目标离地高度不断减小，人体目标与雷达之间的距离不断增大，与实际情况相符。不同类型跌倒的特征也呈现出一定的差异：对于缓慢跌倒过程，可以看到从人开始跌倒到离地高度趋于稳定大概经过了 4s，时间较长；对于坐倒过程，其跌倒持续时间仅有约 1.5s，并且由于坐倒后人体上半身相对直立，所以跌倒后人体目标高度保持在 0.76m 左右，比缓慢跌倒后的人体目标高度（约 0.25m）明显更高。

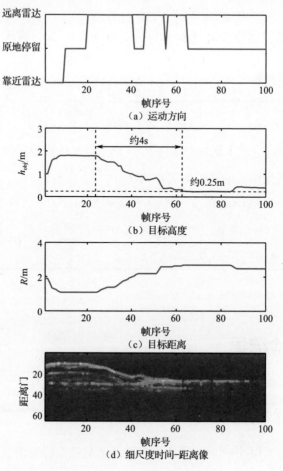

图 3-13　缓慢跌倒特征

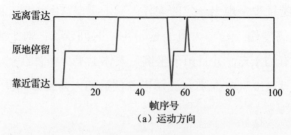

图 3-14　坐倒特征

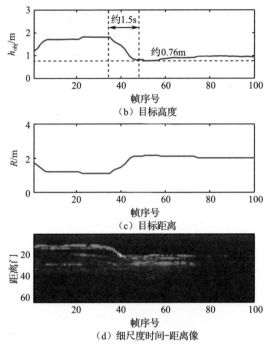

（b）目标高度

（c）目标距离

（d）细尺度时间-距离像

图 3-14　坐倒特征（续）

3.3.2　跌倒检测结果

本节通过统计跌倒检测的混淆矩阵、灵敏度（Sensitivity）、特异度（Specificity）和准确率（Accuracy）评估所提方法的跌倒检测性能，三者的定义分别为

$$\text{Sensitivity} = \frac{\text{TP}}{\text{TP+FN}} \tag{3-26}$$

$$\text{Specificity} = \frac{\text{TN}}{\text{TN+FP}} \tag{3-27}$$

$$\text{Accuracy} = \frac{\text{TP+TN}}{\text{TP+FP+TN+FN}} \tag{3-28}$$

式中，TP 为被预测为跌倒的跌倒样本；TN 为被预测为非跌倒的非跌倒样本；FP 为被预测为跌倒的非跌倒样本；FN 为被预测为非跌倒的跌倒样本。

1. 较为理想的环境

实验邀请受试者在较为理想的环境下完成跌倒动作 238 例、非跌倒动作

124 例。其中，跌倒动作中全身跌倒和坐倒的比例约为 4：1，且跌倒速度各不相同；非跌倒动作包含坐下、蹲下、站立等，坐下、蹲下两类动作容易被误判为跌倒。理想环境下的测试代表场景如图 3-15（a）～（b）所示，跌倒检测的混淆矩阵如图 3-16（a）所示。理想环境下跌倒检测的灵敏度、特异度和准确率分别为 96.22%、97.58%、96.69%，说明本章所提跌倒行为多层次检测方法可以精准地检测各种不同类型的跌倒，并且对于坐下、蹲下这两类易造成雷达虚警的动作具有较好的鲁棒性。

2. 干扰环境

实验邀请受试者在干扰环境下完成跌倒动作 54 例、非跌倒动作 45 例。其中，跌倒动作中全身跌倒和半躺跌倒的比例约为 4：1，且跌倒速度各不相同；非跌倒动作包含坐下、蹲下、站立等，环境中的干扰包括在不同高度转动的风扇 2 个、盆栽 3 盆、模拟浴帘 1 个、纸张 1 叠。干扰环境下的测试代表场景如图 3-15（c）～（d）所示。上述干扰物的运动增大了检测人体跌倒的难度，本章所提方法根据场景内目标的运动方向和时间－距离像中的能量分布等特征进行有无人判别，从而可以较好地消除非人体目标运动对跌倒检测的干扰。跌倒检测的混淆矩阵如图 3-16（b）所示，干扰环境下跌倒检测的灵敏度、特异度和准确率分别为 92.59%、82.22%、87.88%，可见本章所提跌倒行为多层次检测方法能够有效抵抗环境中非人体目标运动带来的干扰，有较高的实用价值。

（a）理想环境1　　　　　　　　　（b）理想环境2

图 3-15　测试代表场景

（c）干扰环境（视角1）　　　　（d）干扰环境（视角2）

图 3-15　测试代表场景（续）

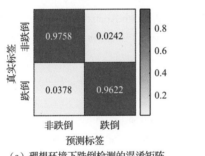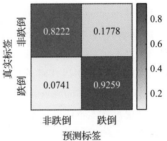

（a）理想环境下跌倒检测的混淆矩阵　　　（b）干扰环境下跌倒检测的混淆矩阵

图 3-16　不同环境下跌倒检测的混淆矩阵

本章小结

　　跌倒检测对老年人和体弱者至关重要，因为它能及时发现跌倒事件，迅速发出警报，确保快速救助，减少严重伤害，降低医疗成本。本章针对雷达跌倒检测，通过实测数据验证了跌倒行为多层次检测方法[15]的有效性，并得到以下结论。

　　（1）基于毫米波雷达的跌倒行为多层次检测方法兼具性能优、成本低、隐私性好等优势，适用于卫生间、卧室等私密场所的跌倒检测。

　　（2）根据雷达信号的时间-距离像、距离-多普勒谱，可以获取监测场景内目标的运动方向、能量分布、有无人信息、目标高度等特征，

结合多个特征的判别可以较好地实现跌倒检测。

（3）由于实际监测场景的复杂性，本章所提跌倒行为多层次检测方法中的大多数判决参数需要根据实测数据进行训练和调整。

参考文献

[1] CUEVAS-TRISAN R. Balance problems and fall risks in the elderly[J]. Physical Medicine and Rehabilitation Clinics, 2017, 28(4): 727-737.

[2] KANGAS M, KONTTILA A, WINBLAD I, et al. Determination of simple thresholds for accelerometry-based parameters for fall detection[C]//2007 29th Annual International Conference of the IEEE Engineering in Medicine and Biology Society. Piscataway, NJ: IEEE, 2007: 1367-1370.

[3] BOURKE A K, LYONS G M. A threshold-based fall-detection algorithm using a bi-axial gyroscope sensor[J]. Medical Engineering & Physics, 2008, 30(1): 84-90.

[4] RAKHMAN A Z, NUGROHO L E. Fall detection system using accelerometer and gyroscope based on smartphone[C]//2014 The 1st International Conference on Information Technology, Computer, and Electrical Engineering. Piscataway, NJ: IEEE, 2014: 99-104.

[5] ÖZDEMIR A T, BARSHAN B. Detecting falls with wearable sensors using machine learning techniques[J]. Sensors, 2014, 14(6): 691-708.

[6] LI Y, HO K C, POPESCU M. A microphone array system for automatic fall detection[J]. IEEE Transactions on Biomedical Engineering, 2012, 59(5): 1291-1301.

[7] KAUR P, WANG Q, SHI W. Fall detection from audios with audio transformers[J]. Smart Health, 2022, 26: 100340.

[8] CHEFFENA M. Fall detection using smartphone audio features[J]. IEEE Journal of Biomedical and Health Informatics, 2015, 20(4): 1073-1080.

[9] CUCCHIARA R, PRATI A, VEZZANI R. A multi-camera vision system for fall detection and alarm generation[J]. Expert Systems, 2007, 24(5): 334-345.

[10] HARROU F, ZERROUKI N, SUN Y, et al. Vision-based fall detection system for improving safety of elderly people[J]. IEEE Instrumentation & Measurement Magazine, 2017, 20(6): 49-55.

[11] MEHTA V, DHALL A, PAL S, et al. Motion and region aware adversarial learning for fall detection with thermal imaging[C]//2020 25th International Conference on Pattern Recognition

(ICPR). Piscataway, NJ: IEEE, 2021: 6321-6328.

[12] AMIN M G, ZHANG Y D, AHMAD F, et al. Radar signal processing for elderly fall detection: the future for in-home monitoring[J]. IEEE Signal Processing Magazine, 2016, 33(2): 71-80.

[13] HANIFI K, KARSLIGIL M E. Elderly fall detection with vital signs monitoring using CW Doppler radar[J]. IEEE Sensors Journal, 2021, 21(15): 16969-16978.

[14] JIN F, SENGUPTA A, CAO S. mmFall: fall detection using 4D mm wave radar and variational recurrent autoencoder[J]. IEEE Transactions on Automation Science and Engineering, 2022,19(2): 1245-1257.

[15] 张闻宇，王志，陈兆希，等 . 基于毫米波雷达信号的跌倒行为多层次检测方法及设备：ZL202211299570.6[P]. 2023-03-14.

[16] BLAKE S. OS-CFAR theory for multiple targets and nonuniform clutter[J]. IEEE Transactions on Aerospace and Electronic systems, 1988, 24(6): 785-790.

[17] CANNY J. A computational approach to edge detection[J]. IEEE Transactions on Pattern Analysis and Machine Intelligence, 1986 (6): 679-698.

第 4 章

雷达手势识别方法

手势是人向外界传达信息的重要方式之一。相对于静态手势，即用手的静止姿态表示一个手势符号，本章的研究对象为动态手势，即用手的特定运动方式和轨迹表示一个手势符号。动态手势是一种非规则运动，难以通过固定的数学模型进行描述，它仅包含手臂、手掌、手指的运动，运动幅度显著小于全身尺度动作幅度。手势的实施者通常位于雷达正前方的一定区域内，且除了径向运动，往往还具有方位向、俯仰向运动分量。动态手势识别在人机交互、智能驾驶等领域具有重要的研究价值。相比可穿戴式传感器，雷达传感器可以避免对使用者产生干扰；相比光学设备，雷达具有隐私风险低、抗复杂光照环境能力强的优势。因此，基于雷达传感器的动态手势识别近年来受到了研究者的广泛关注。

雷达动态手势识别采用的微动信号常见形式为时间－距离像[1]、时频图[2]或距离－多普勒谱[3]。受限于距离分辨率，雷达获取的时间－距离像对识别单纯的手部运动效果欠佳。由于手势运动的复杂性，同一距离单元内通常混合了多种运动模式，使用相位解卷绕提取高精度位移的方法通常也难以取得满意的效果。而微多普勒信号能反映丰富的、高分辨率的运动信息，成为动态手势识别任务的首选分析对象。

经典识别框架包括特征提取和分类器独立设计两个步骤。现有的动态手势微多普勒特征提取方法主要包括 3 类。①时频变换，将动态手势信号变换到时频域，以时频数据作为微多普勒特征；②经验特征提取 [4]，从时域数据、频域数据或时频域数据中提取自定义的、具有特定物理含义的特征；③基于数据降维的特征提取，使用 PCA 等方法对时域数据、频域数据或时频域数据进行压缩降维处理，使用压缩后的数据作为特征。从微多普勒信号中提取的上述特征将被送入经典的分类器，如 k- 最近邻分类器、支持向量机分类器和决策树分类器等 [5]，也可以将上述特征送入隐马尔可夫模型（Hidden Markov Model，HMM）[6] 进行序列建模和识别。

　　稀疏恢复技术是一种实现数据降维的常用技术手段。稀疏恢复（又称压缩感知）的充分条件由 Candes 等 2006 年提出 [7]。稀疏恢复理论指出：当信号具有稀疏性，且观测矩阵列向量具有非相干性时，使用远低于信号维度的观测数据量即可实现稀疏信号的精确重建。稀疏恢复理论自提出以来，基于该理论的数据压缩、参数估计、信号重建等技术在雷达领域获得了广泛应用 [8]。第 2 章中研究的肢体行为引起的多普勒成分复杂，既包含躯干部分带来的主多普勒分量，又包含手臂、腿部运动引起的微多普勒分量等，在时频域上分布稠密。本章所关注的动态手势是一个短暂的动作，仅包含手部运动，其信号在时频域具有稀疏性，这一特性为使用稀疏恢复技术提取动态手势的微多普勒特征提供了物理依据。

　　近年来，深度学习模型在光学图像和合成孔径雷达（Synthetic Aperture Radar，SAR）图像的识别与检测任务中取得了显著的成果。受视觉算法的启发，以时频图作为输入，深度学习模型也被用于雷达动态手势识别任务中，并取得了较经典方法更优的效果 [9]。CNN 及其变体可直接用于提取雷达数据时频图的特征 [10]，它们还能与具备表征数据时间相关性的 RNN 相结合 [11]，用于识别动态手势的各种模式。

　　由于动态手势运动的不规则性，其相对于雷达除了径向运动，通常还有方位向、俯仰向的运动分量。能获取不同视角信息的多基地雷达可以提供方位向、俯仰向的运动分辨能力，相比单基地雷达，近年来的研究表明多基地雷达在动态手势识别中具有显著优势 [12]。单基地雷达仅具有单一的观察视角，仅能获取手势运动沿雷达 LOS 方向的分量，而多基地雷达通常具有一个或多个发射天线和接收天线，能够获得手势运动在多个视角下的分量，从而全面获取三维运动信息。为充分利用其中的信息，应设计恰当的多基地信号融合算法，如第 2 章所述，从融合层次来讲，融合算法可分为数据融合、特征融合和决策融合 3 个层次。但第 2 章中对深度神经网络的融合设计较为简单，均为在固定层的特征融合，在此称之为单阶段特征融合。然而，预先设定好的融合位置不能保证是最优位置，其融合效果有进一步提升的空间。多阶段特征融合在人体姿态估计[13]、多模态身份识别[14] 等领域已有相关研究，这类方法在网络中的不同层进行特征融合，相较于单阶段特征融合中的固定层融合具有更强的特征表征能力。

4.1 基于稀疏时频特征提取的单视角雷达手势识别方法

4.1.1 动态手势信号采集

1. 数据采集实验

本节使用 K 波段连续波雷达采集动态手势回波信号。雷达载波频率 $f_0 = 24\text{GHz}$，最大无模糊多普勒频率为 $\pm 500\text{Hz}$，对应的径向运动最大无模糊速度约为 $\pm 3.125\text{m/s}$，该无模糊速度区间能够覆盖一般情况下的人体正常手势速度。在实验中，雷达 LOS 方向正对着手势，两者之间的距离约为 0.3m，这种配置能够满足近距离非接触式人机交互的基本要求。

本节研究的 4 种动态手势（转动手腕、招手、打响指和弹手指）的动作说明如表 4-1 所示，手势示意如图 4-1 所示。这 4 种动态手势具有如下特点。

（1）动作幅度小。完成这 4 种动态手势只需手掌、手指或腕关节等部位运动，无须做出挥手、曲肘等大幅度动作，便于用户在较小的空间内完成人机交互，满足操作便捷性等方面的要求。

（2）持续时间短。完成单个动态手势所耗用的时间为 0.3 ～ 0.5s。

（3）可标准化。本实验针对每种动态手势制定了统一的标准，不同受试者按照该标准完成手势动作，使不同受试者的动态手势信号具有相近的规律。

参与本实验的受试者共 3 人，每名受试者完成每种动态手势 20 次，雷达测量 4 种动态手势共采集得到 240 组动态手势数据。

表 4-1　动态手势动作说明

动态手势	动作说明		
	起始状态	动作过程	结束状态
转动手腕	手心朝下，四指自然并拢，拇指松弛	顺时针转动手腕一周	恢复到起始状态
招手	手心朝上，四指自然并拢，拇指松弛	弯曲四指，使四指指尖接触手心，然后松开四指	恢复到起始状态
打响指	手心朝上，四指弯曲并拢，拇指贴在中指上	完成打响指动作，拇指和中指快速错开，然后恢复原位	恢复到起始状态
弹手指	手心朝下，四指弯曲并拢，拇指扣在中指上	完成弹手指动作，拇指和中指弹开，四指自然散开，然后恢复原位	恢复到起始状态

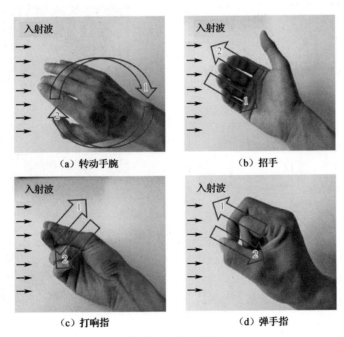

图 4-1　手势示意

2. 动态手势信号的检测和对齐

在进行动态手势识别之前，需要先检测雷达回波中的动态手势信号，并进行时域对齐处理。

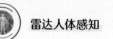
1）动态手势信号的检测

为了便于提取微多普勒特征和识别动态手势，需要先将单次动态手势所对应的信号从雷达回波中截取出来。4 种动态手势的回波信号时域波形和时频图如图 4-2 所示。从图中可知，在动态手势出现的时刻，信号幅度较大，且完成单次动态手势的时间不超过 0.6s（图 4-2 中红色框的时间维长度小于 0.6s），因此可以使用 0.6s 的矩形窗截取雷达回波数据，并根据窗内的信号能量进行动态手势检测。

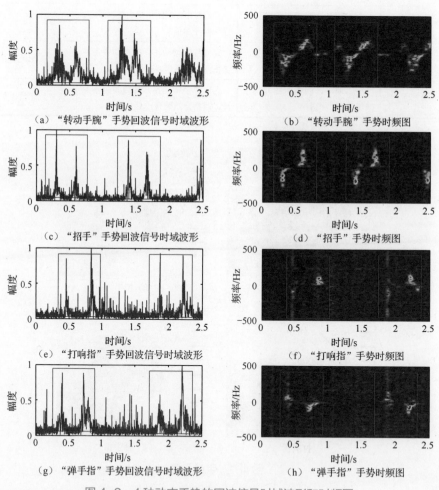

图 4-2　4 种动态手势的回波信号时域波形和时频图

2）动态手势信号的对齐

考虑到动态手势具有"起始状态—运动过程—结束状态"的时序，对于同种动态手势在不同次测量中获得的数据，还需要进行对齐处理，使动态手势信号在时间窗内的时序起点近似。由图 4-2 可知，红色框内的单次动态手势信号出现了两个主峰，且它们的多普勒频率方向相反。基于这一规律，通过使两个主峰的质心位于窗函数的中心，可以实现动态手势信号的对齐。

动态手势信号的检测和对齐算法的详细步骤如算法 4-1 所示。其中，能量阈值 $E_{\text{threshold}}$ 与信噪比有关，需要在不同应用场景中进行调整。

算法 4-1：动态手势信号的检测和对齐算法

输入：动态手势雷达回波 $s(t)$

输出：单个动态手势信号 $y(t)$

第 1 步：使用 0.6s 的矩形窗沿 $s(t)$ 滑动，计算窗内的信号能量，得到能量分布 $e(t)$

第 2 步：使用阈值 $E_{\text{threshold}}$ 对 $e(t)$ 进行检测，将 $e(t) > E_{\text{threshold}}$ 的区间标记为动态手势区间

第 3 步：在动态手势区间，对幅度较大的主峰位置进行定位，并将它们的质心设置为窗函数中心，这里取窗函数时长为 0.6s，截取窗内信号作为动态手势信号 $y(t)$

---

3. 时域波形、频谱和时频图分析

完成动态手势检测和对齐处理之后，可以获得单次动态手势的回波信号。图 4-3 ～图 4-5 分别给出了同一受试者 4 种动态手势信号的时域波形、频谱和时频图；图 4-6 给出了不同（3 名）受试者"转动手腕"信号的时频图。其中，时频图由 STFT 计算得到，在 STFT 中使用的滑动窗函数为时长 0.03s 的 Kaiser 窗。

由图 4-3 和图 4-4 可以观察到动态手势信号的时域波形和频谱具有如下特点。首先，两者都包含前后两处主峰，这是因为每种动态手势都可以被拆解为偏离起始位置和回到起始位置两个阶段，每个阶段对应一处主峰。其次，两者都存在比较严重的毛刺，这是由手部与雷达入射波之间夹角变化引起的散射系数突变导致的。此外，图 4-3（b）与（d）中的时域波形相似度较高，图 4-4（a）与（b）、图 4-4（c）与（d）中的频谱相似度较高。基于上述分析，如果使用时域波形或频谱作为特征，则难以获得较高的手势识别准确率。

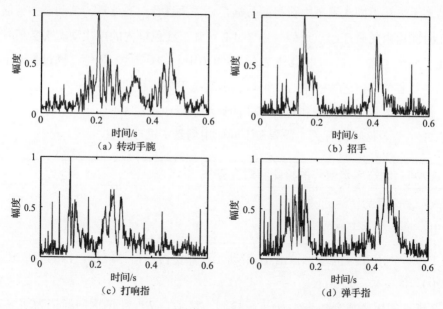

图 4-3 同一受试者 4 种动态手势信号的时域波形

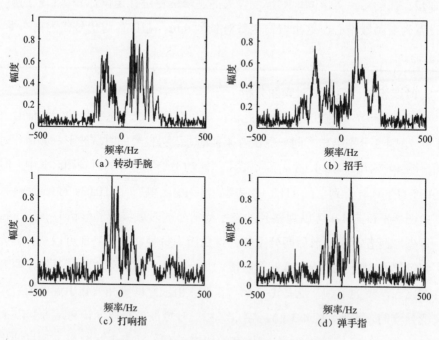

图 4-4 同一受试者 4 种动态手势信号的频谱

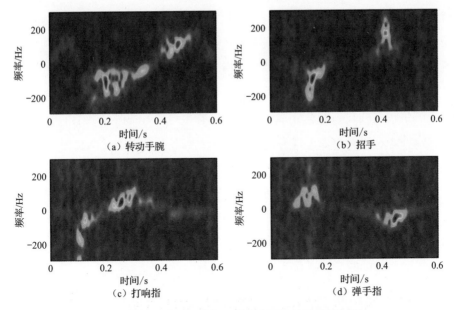

图 4-5 同一受试者 4 种动态手势信号的时频图

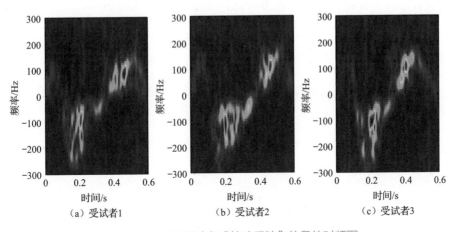

图 4-6 不同受试者"转动手腕"信号的时频图

由图 4-5 可以观察到动态手势信号的时频图具有如下特点。首先，不同动态手势的时频轨迹具有显著差异。"转动手腕"信号的瞬时频率从负到零再到正，呈连续变化趋势，在转动手腕的过程中，手部从离开雷达到靠近雷达，速度大小连续变化，方向先负后正。"招手"信号的瞬时频率先后出现负、正两处峰值，"招手"动作由弯曲手指、摊开手指两个分解动作组成，分别产生负多普勒分量和正多普勒分量，两个分解动作完成时间较短，且中途有停顿；"打响指"信号的负多普勒分量显著强于正多普勒分量，在打响指的过程中，中指后退速度较快，归位速度较慢。"弹手指"信号是 4 种动态手势信号中唯一以正多普勒频率起始的信号，在弹手指的过程中，释放中指后，中指迅速向雷达运动，产生较强的正多普勒分量。其次，动态手势信号在时频域上的能量分布具有稀疏性。在时频平面，仅有少部分区域存在较强的动态手势信号能量，其余区域的能量来源于动态手势信号分量能量泄露和噪声。图 4-6 表明，不同受试者做出同种动态手势动作，得到的时频轨迹特征是比较稳定的。

根据上述分析可知：①使用时频轨迹特征进行动态手势识别有望获得较好效果；②由于动态手势信号在时频域的能量分布具有稀疏性，可以应用稀疏恢复技术提取手势的时频分布作为微多普勒特征。

4.1.2　基于稀疏恢复的微多普勒特征提取方法

根据动态手势信号的时频分布特点，使用时频原子构造观测矩阵，通过稀疏恢复技术将雷达原始回波信号映射到时频域，进而提取动态手势的微多普勒特征，并实现数据降维和噪声抑制。由此提取的微多普勒特征属于稀疏时频特征。

1. 动态手势信号的稀疏表征

1）稀疏表征模型

基于动态手势信号在时频域的稀疏性，根据稀疏恢复理论，可将动态手势信号表示为

$$y = \Phi x + \eta \tag{4-1}$$

式中，y 是 $N \times 1$ 维动态手势信号；Φ 是 $N \times M$ 维时频字典矩阵；x 是 $M \times 1$ 维稀疏向量，只有 P 个非零元素，P 为 x 的稀疏度，称 x 为 P-稀疏向量；η 是 $N \times 1$ 维噪声。Φ 的每个列向量 $\Phi_m = [\Phi[0,m], \Phi[1,m], \cdots, \Phi[N-1,m]]^{\mathrm{T}}$ 都是时频域的基信号，$[\cdot]^{\mathrm{T}}$ 表示矩阵转置。

2）时频字典矩阵设计

在式（4-1）中，时频字典矩阵 Φ 是连接时域信号 y 和时频域稀疏向量 x 的桥梁，y 可以表示为 Φ 的列向量以 x 的元素为系数进行加权求和的结果。

为了便于进行稀疏恢复和特征提取，需要对时频字典矩阵 $\boldsymbol{\Phi}$ 进行合理的设计。设计时频字典矩阵 $\boldsymbol{\Phi}$ 时需要考虑如下因素：$\boldsymbol{\Phi}$ 的列向量具备稀疏表征时频域的能力，否则可能导致 $\boldsymbol{x}$ 的稀疏性被破坏。这里使用加窗傅里叶基信号（Gabor 基 [15]）构造时频字典矩阵 $\boldsymbol{\Phi}$，具体为

$$
\begin{aligned}
\varPhi_m(n) &\triangleq \varPhi[n,m] \\
&= \frac{1}{2^{1/4}\sqrt{\sigma}} \exp\left[-\frac{(t_n - t_m)^2}{\sigma^2}\right] \exp(-\mathrm{j}2\pi f_m t_n) \\
&\triangleq \varPhi(n|t_m, f_m),\ n = 0,1,\cdots,N-1, m = 0,1,\cdots,M-1
\end{aligned}
\tag{4-2}
$$

式中，t_m、f_m 分别表示时移参数和频移参数；σ 表示高斯窗标准差；M 表示时频域离散化位置的数量，也是稀疏向量 $\boldsymbol{x}$ 的长度。

图 4-7 给出了 (t_m, f_m) 分别取 $(0.2\mathrm{s}, \pm 200\mathrm{Hz})$ 和 $(0.4\mathrm{s}, \pm 200\mathrm{Hz})$、$\sigma$ 分别取 16ms 和 64ms 时，相应的加窗傅里叶基信号的时频图，该基信号可描述时频域某一位置的能量分布，故称为"时频原子"。图 4-5 中动态手势信号的时频分布可以看成一组加窗傅里叶基信号的时频分布的加权和。当 σ 不同、(t_m, f_m) 相同时，加窗傅里叶基信号在时频图上的中心位置相同，它们之间的相干性比较大，不利于进行稀疏恢复。因此，在时频字典矩阵 $\boldsymbol{\Phi}$ 中，对于不同的加窗傅里叶基信号使用统一的 σ 参数，而对 (t_m, f_m) 参数进行遍历。

根据式（4-1）的物理意义，通过稀疏表征，动态手势信号被分解为一组加窗傅里叶基信号的加权和。在设置 (t_m, f_m) 参数的取值时，需要对时频域进行完整的覆盖。本节根据文献 [16] 中的方法，设置时移变量 t_m 以 $\sigma/2$ 为步长对时间区间进行遍历，频移变量 f_m 以 $f_s/(2\sigma)$ 为步长对频率区间进行遍历，将时频平面分割为如下点集。

$$
\begin{aligned}
&\{(t_m, f_m), m = 0,1,\cdots,M-1\} \\
&= \left\{0, \frac{\sigma}{2}, \sigma, \frac{3\sigma}{2}, \cdots, \left(\left\lceil\frac{2\tau}{\sigma}\right\rceil - 1\right)\cdot\frac{\sigma}{2}\right\} \otimes \left\{0, \frac{1}{2\sigma}, \frac{1}{\sigma}, \frac{3}{2\sigma}, \cdots, (\lceil 2\sigma f_s\rceil - 1)\frac{1}{2\sigma}\right\}
\end{aligned}
\tag{4-3}
$$

式中，τ 表示信号长度（在本节中表示动态手势信号片段的长度，即 0.6s）；f_s 表示采样频率（在本节中为 1kHz）；$\lceil\cdot\rceil$ 表示向上取整运算；$\otimes$ 表示点集的笛卡儿积。根据式（4-3），时频字典矩阵 $\boldsymbol{\Phi}$ 的列数为

$$
M = \lceil 2\tau/\sigma\rceil\lceil 2\sigma f_s\rceil \approx 4\tau f_s = 4N
\tag{4-4}
$$

式中，N 表示动态手势信号 y 的长度。则本实验的时频字典矩阵的尺寸为 600×2400。

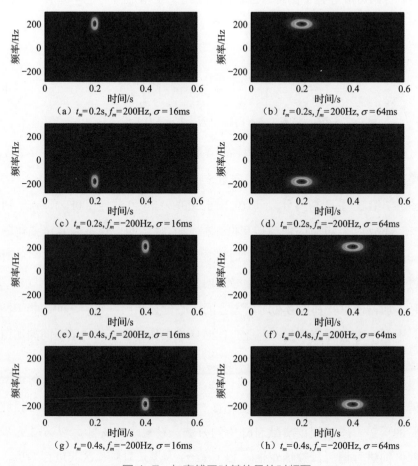

（a）$t_m=0.2\text{s}, f_m=200\text{Hz}, \sigma=16\text{ms}$ 　（b）$t_m=0.2\text{s}, f_m=200\text{Hz}, \sigma=64\text{ms}$

（c）$t_m=0.2\text{s}, f_m=-200\text{Hz}, \sigma=16\text{ms}$ 　（d）$t_m=0.2\text{s}, f_m=-200\text{Hz}, \sigma=64\text{ms}$

（e）$t_m=0.4\text{s}, f_m=200\text{Hz}, \sigma=16\text{ms}$ 　（f）$t_m=0.4\text{s}, f_m=200\text{Hz}, \sigma=64\text{ms}$

（g）$t_m=0.4\text{s}, f_m=-200\text{Hz}, \sigma=16\text{ms}$ 　（h）$t_m=0.4\text{s}, f_m=-200\text{Hz}, \sigma=64\text{ms}$

图 4-7　加窗傅里叶基信号的时频图

2. 稀疏时频特征提取

1）正交匹配追踪算法

根据稀疏恢复理论，对式（4-1）中 x 的求解可转化为如下优化问题。

$$\begin{cases} x' = \underset{x}{\text{argmin}} \left\| y - \boldsymbol{\Phi} x \right\|_2^2 \\ \text{s.t. } \left\| x \right\|_0 \leqslant P \end{cases} \quad (4\text{-}5)$$

式中，x' 表示稀疏向量 x 的估计结果；$\left\| \cdot \right\|_0$、$\left\| \cdot \right\|_2$ 分别表示向量的0范数和2范数；

P 表示稀疏度。现有的求解式（4-5）的方法有两类 [17]：第一类是凸优化算法，这类算法将式（4-5）中的 0 范数转化为 1 范数，将式（4-5）转化为凸优化问题，再使用内点法、次梯度法等凸优化算法进行求解；第二类是贪婪算法，这类算法使用贪婪策略对 x 的支撑集进行估计，实现 x 支撑集上非零元素的求解。本节使用贪婪算法中的正交匹配追踪（Orthogonal Matching Pursuit，OMP）算法 [18] 求解式（4-5）。OMP 算法的详细步骤如算法 4-2 所示。

算法 4-2：OMP 算法

输入：信号 y、时频字典矩阵 $\boldsymbol{\Phi}$、稀疏度 P

输出：稀疏向量的估计结果 x'

第 1 步：初始化支撑集 $S = \varnothing$，残差向量 $r = y$，迭代次数 $i = 1$

第 2 步：计算残差向量 r 与时频字典矩阵 $\boldsymbol{\Phi}$ 列向量的相关系数，即 $c = \boldsymbol{\Phi}^{\mathrm{H}} r$，其中 $(\cdot)^{\mathrm{H}}$ 表示共轭转置；选取 c 中绝对值最大的元素坐标，即 $j' = \underset{j=0,1,\cdots,M-1}{\arg\max} |c_j|$，其中 c_j 表示 c 的第 j 个元素；将 j' 添加到支撑集中，即 $S = S \cup \{j'\}$

第 3 步：以集合 S 中的元素作为列坐标，从时频字典矩阵 $\boldsymbol{\Phi}$ 中抽出 $\mathrm{card}(S)$ 个列向量，组成矩阵 $\boldsymbol{\Phi}_S$，其中 $\mathrm{card}(\cdot)$ 表示集合中的元素个数；使用 $\boldsymbol{\Phi}_S$ 计算 y 的最小二乘估计，并对残差向量 r 进行更新，即 $x'_S = (\boldsymbol{\Phi}_S^{\mathrm{H}} \boldsymbol{\Phi}_S)^{-1} \boldsymbol{\Phi}_S^{\mathrm{H}} y$，$r = y - \boldsymbol{\Phi}_S x'_S$，$(\cdot)^{-1}$ 表示矩阵求逆

第 4 步：如果 $i = P$，则 x' 的支撑集为 S，在支撑集上的取值为 x'_S，算法结束；否则，$i = i + 1$，并返回至第 2 步

本节使用稀疏向量估计结果 x' 和时频字典矩阵 $\boldsymbol{\Phi}$ 对雷达原始回波信号进行重建，得到 $y' = \boldsymbol{\Phi} x'$，其中 OMP 算法设置稀疏度 $P = 10$。OMP 算法重建的动态手势信号时频图如图 4-8 所示。对比图 4-5 和图 4-8 可知，重建的动态手势信号保留了雷达原始观测信号的主要时频特征，同时抑制了噪声分量。

2）稀疏时频特征的定义

使用 OMP 算法求解式（4-5）后，得到稀疏向量估计结果 x'，该向量蕴含了动态手势信号的主要时频特征。设 OMP 算法的求解结果为

$$\begin{aligned} x' &= \mathrm{OMP}(y, \boldsymbol{\Phi}, P) \\ &= (0, \cdots, 0, x'_{i_1}, 0, \cdots, 0, x'_{i_2}, 0, \cdots, 0, x'_{i_P}, 0, \cdots)^{\mathrm{T}} \end{aligned} \tag{4-6}$$

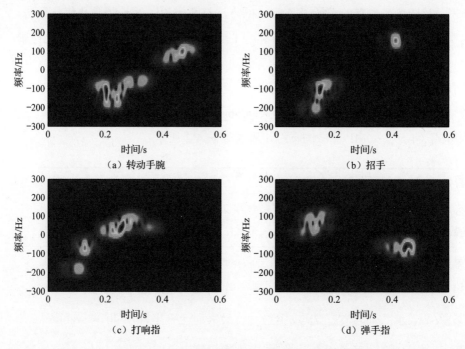

（a）转动手腕　　　　　　　　　　　（b）招手

（c）打响指　　　　　　　　　　　（d）弹手指

图 4-8　OMP 算法重建的动态手势信号时频图

式中，$x'_{i_p}(p=1,2,\cdots,P)$ 是向量 $\boldsymbol{x}'$ 的非零元素。根据式（4-1）和式（4-2），动态手势信号可以表征为一组加窗傅里叶基信号的和，即

$$y(n)=\sum_{p=1}^{P}x'_{i_p}\phi(n\,|\,t_{i_p},f_{i_p})+\eta(n) \tag{4-7}$$

式中，(t_{i_p},f_{i_p}) 为时频域非零元素的坐标，即 $\boldsymbol{x}'$ 中非零元素的位置。由式（4-7）可知，动态手势信号可以用一组 $(x'_{i_p},t_{i_p},f_{i_p})(p=1,2,\cdots,P)$ 参数描述。考虑到 x'_{i_p} 是复数，其模值由手部散射点的散射强度决定，其相位与散射系数、信号调制过程有关，前者取值较稳定，后者取值不稳定，因此使用 $\left|x'_{i_p}\right|$ 作为特征向量的组成元素。

综上所述，将动态手势信号的稀疏时频特征定义为

$$\begin{aligned}\boldsymbol{f}(\boldsymbol{y})&=\{(A_p,t_p,f_p),p=1,2,\cdots,P\}\\&\triangleq\left\{\left(\left|x'_{i_p}\right|,t_{i_p},f_{i_p}\right),p=1,2,\cdots,P\right\}\end{aligned} \tag{4-8}$$

式中，为了方便标记，在不引起混淆的情形下，将 (t_{i_p},f_{i_p}) 简写为 (t_p,f_p)。

图 4-9 给出了图 4-8 中动态手势信号的稀疏时频特征的 (t_p, f_p) 参数分布情况。由图 4-9 可知，不同动态手势信号的稀疏时频特征之间存在显著差异，这为动态手势识别提供了基础。

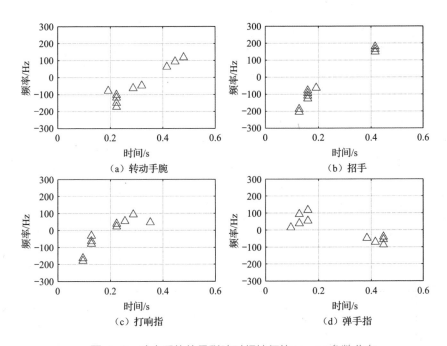

图 4-9　动态手势信号稀疏时频特征的 (t_p, f_p) 参数分布

综合本节内容，基于稀疏恢复的微多普勒特征提取算法的详细步骤如算法 4-3 所示。

算法 4-3：基于稀疏恢复的微多普勒特征提取算法

输入：动态手势信号 y、时频字典矩阵 $\boldsymbol{\Phi}$、稀疏度 P

输出：动态手势信号的稀疏时频特征 $f(y)$

第 1 步：使用 OMP 算法计算 y 的时频域稀疏表征向量 x'

第 2 步：根据 x' 的非零元素，按照式（4-8）提取稀疏时频特征 $f(y)$

4.1.3　基于改进 Hausdorff 距离的手势识别方法

在 4.1.2 节，使用稀疏恢复技术对动态手势信号进行处理后，提取到了如式（4-8）所示的稀疏时频特征。将这一特征输入分类器中，即可实现动态手势识别。本节提出的基于改进 Hausdorff 距离的手势识别方法主要运用了模板匹配的思想，首先生成各类手势的时频模板，然后利用模板匹配算法根据特征进行分类。

1. 基于 $k-$ 平均的时频模板生成算法

为了利用训练样本生成动态手势的时频模板，本节介绍一种基于 $k-$ 平均的时频模板生成算法。

设第 i 类动态手势有 S 个训练样本，相应的稀疏时频特征为 $\{f_{\text{class }i}^{\text{samp }s}, s=1,2,\cdots,S\}$。训练样本与时频模板的 (t_p, f_p) 参数分布如图 4-10 所示。其中，图 4-10（a）（c）（e）（g）分别给出了 4 种动态手势的 8 个训练样本的稀疏时频特征（每种标签表示一个样本）。从图中可以看出，同种动态手势的不同训练样本之间虽然存在微小差异，但是它们具有相似的整体轮廓。因此，可以利用 $k-$ 平均算法从同类动态手势样本的时频特征中聚类提取时频模板。

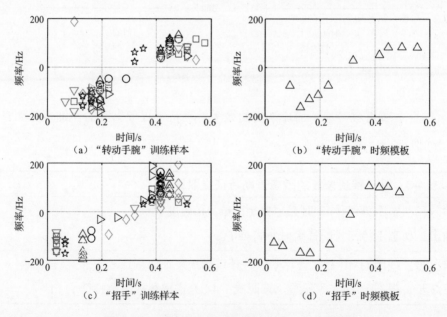

（a）"转动手腕"训练样本　（b）"转动手腕"时频模板

（c）"招手"训练样本　（d）"招手"时频模板

图 4-10　训练样本与时频模板的 (t_p, f_p) 参数分布

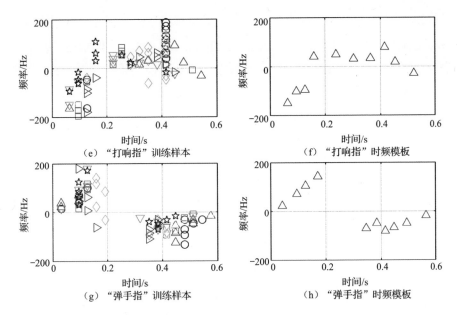

图 4-10　训练样本与时频模板的 (t_p, f_p) 参数分布（续）

k- 平均算法是模式识别领域常用的一种聚类技术[19]，该算法通过迭代寻找样本空间中 k 个聚类的一种实现，该实现满足当使用这 k 个聚类的均值代表对应类内样本点时，总体误差最小。使用 k- 平均算法提取时频模板时，将每类动态手势训练样本的稀疏时频特征当作散点集合，聚类得到该动态手势的时频模板，这一过程可表示为

$$
\begin{aligned}
f_{\text{class}\,i} &= k\text{-means}\{f_{\text{class}\,i}^{\text{samp}\,s}, s=1,2,\cdots,S\}\\
&= k\text{-means}\{(A_{\text{class}\,i,p}^{\text{samp}\,s}, t_{\text{class}\,i,p}^{\text{samp}\,s}, f_{\text{class}\,i,p}^{\text{samp}\,s}), s=1,2,\cdots,S, p=1,2,\cdots,P\} \qquad (4\text{-}9)\\
&= \{(A_{\text{class}\,i,p}, t_{\text{class}\,i,p}, f_{\text{class}\,i,p}), p=1,2,\cdots,P\}
\end{aligned}
$$

图 4-10（b）（d）（f）（h）展示了 k- 平均算法处理图 4-10（a）（c）（e）（g）中数据后所得的时频模板。从图中可以看出，k- 平均算法能生成同类动态手势样本平均的时频模板，所生成的时频模板能刻画同类动态手势样本在时频特征上的分布规律，且不同类动态手势的时频模板具有明显的差异。

2. 基于改进 Hausdorff 距离的模板匹配算法

改进 Hausdorff 距离是定义在散点集合之间的一种距离，在解决散点集合匹配问题时具有良好的性能[20]。将稀疏时频特征当作三维空间中的点集，动态手势识别问题可以转化为点集分类问题。Dubuisson 等提出了一种基于改进 Hausdorff 距离（Modified Hausdorff Distance，MHD）的散点图匹配算法[20]，在图像识别领域取得了良好的效果。该算法的基本思想是：首先使用改进 Hausdorff 距离对散点图之间的相似度进行衡量，然后根据散点图之间的相似度进行模板匹配。本节利用类似的思想实现动态手势的识别。

1）改进 Hausdorff 距离的计算

设 $\boldsymbol{f}_a = \{(A_{a,p}, t_{a,p}, f_{a,p}), p = 1, 2, \cdots, P\}$ 为待识别动态手势信号的稀疏时频特征，$\boldsymbol{f}_{\text{class}\,i} = \{(A_{\text{class}\,i,p}, t_{\text{class}\,i,p}, f_{\text{class}\,i,p}), p = 1, 2, \cdots, P\}$ 为第 i 类动态手势信号的稀疏时频特征模板（以下简称"时频模板"），从 $\boldsymbol{f}_a$ 到 $\boldsymbol{f}_{\text{class}\,i}$ 的改进 Hausdorff 距离定义为

$$d_{\text{MH}}(\boldsymbol{f}_a, \boldsymbol{f}_{\text{class}\,i}) = \sum_{p=1}^{P} d_H((A_{a,p}, t_{a,p}, f_{a,p}), \boldsymbol{f}_{\text{class}\,i}) \tag{4-10}$$

式中，$d_{\text{MH}}(\cdot, \cdot)$ 表示改进 Hausdorff 距离；$d_H((A_{a,p}, t_{a,p}, f_{a,p}), \boldsymbol{f}_{\text{class}\,i})$ 表示从三维空间中的一个点 $(A_{a,p}, t_{a,p}, f_{a,p})$ 到点集 $\boldsymbol{f}_{\text{class}\,i}$ 的 Hausdorff 距离，该距离定义为

$$\begin{aligned} &d_H((A_{a,p}, t_{a,p}, f_{a,p}), \boldsymbol{f}_{\text{class}\,i}) \\ &= \min_{p'=1,2,\cdots,P} d_{\text{Euclid}}((A_{a,p}, t_{a,p}, f_{a,p}), (A_{\text{class}\,i,p'}, t_{\text{class}\,i,p'}, f_{\text{class}\,i,p'})) \end{aligned} \tag{4-11}$$

式中，$d_{\text{Euclid}}(\cdot, \cdot)$ 表示欧氏距离，即向量的 2 范数。根据式（4-10）和式（4-11），可以对改进 Hausdorff 距离的定义进行如下直观的理解：对于待识别点集 $\boldsymbol{f}_a$ 中的每个点（称为测试点），从模板点集 $\boldsymbol{f}_{\text{class}\,i}$ 中找出与之距离最近的点（称为匹配点），对所有测试点与相应的匹配点之间的欧氏距离求和，其结果为点集 $\boldsymbol{f}_a$ 到点集 $\boldsymbol{f}_{\text{class}\,i}$ 的改进 Hausdorff 距离。

对两个点集而言，它们之间的差异可以被划分两种类型。第一种是局部扰动差异，这种差异是指两个点集分布在相同区域，具体位置之间存在微小的差异。这种差异一般是由类内样本差异导致的，如同种动态手势动作在不同次执行之间的微小差异。第二种是整体轮廓差异，这种差异是指两个点集分布在不同区域，具有不同的轮廓。这种差异来源于不同类点集的自身属性，如不同类型动态手势运动轨迹不同导致的稀疏时频特征分布的差异。根据改进 Hausdorff 距离的计算过程可知，同类动态手势样本时频特征之间的改进 Hausdorff 距离较小，而不同动态手势样本时频特征之间的改进 Hausdorff 距离

较大，因此改进 Hausdorff 距离有能力区分不同的动态手势。

2）模板匹配

设动态手势全集有 I 类（本节中 $I=4$），它们的时频模板分别为 $f_{\text{class }1},f_{\text{class }2},\cdots,f_{\text{class }I}$，待识别动态手势信号的稀疏时频特征为 f_{a}，根据式（4-10）可以计算 f_{a} 与 $f_{\text{class }1},f_{\text{class }2},\cdots,f_{\text{class }I}$ 之间的改进 Hausdorff 距离，然后对动态手势的类型进行判定，计算公式为

$$i' = \underset{i=1,2,\cdots,I}{\arg\min}\, d_{\text{MH}}(f_{\text{a}},f_{\text{class }i}) \tag{4-12}$$

式中，i' 为识别结果。

综合本节内容，基于改进 Hausdorff 距离的手势识别算法的详细步骤如算法 4-4 所示。

算法 4-4：基于改进 Hausdorff 距离的手势识别算法

1. 训练阶段

输入：动态手势训练样本的稀疏时频特征 $f_{\text{class }i}^{\text{samp }s}$

输出：动态手势的时频模板 $f_{\text{class }i}$

按照式（4-9）对每类动态手势训练样本的稀疏时频特征 $f_{\text{class }i}^{\text{samp }s}$ 进行聚类，得到相应的时频模板 $f_{\text{class }i}$

2. 测试阶段

输入：测试样本的稀疏时频特征 f_{a}、动态手势的时频模板 $f_{\text{class }i}$

输出：测试样本所属的动态手势类型 i'

第 1 步：按照式（4-10）和式（4-11）计算 f_{a} 到各个时频模板的改进 Hausdorff 距离

第 2 步：使用式（4-12）判定动态手势的类型 i'

4.1.4　实验结果

本节使用实测数据对基于稀疏时频特征和改进 Hausdorff 距离分类器的动态手势识别方法进行验证，分析该方法的性能受算法参数的影响，并将该方法与其他方法进行对比。

实验 4-1：不同特征和分类器下的手势识别准确率对比

本实验将基于稀疏时频特征和改进 Hausdorff 距离分类器的动态手势识别方法与使用其他特征（时域波形 PCA、频谱 PCA、时频图 PCA）和分类器（最近邻分类器、3- 近邻分类器、朴素贝叶斯分类器、SVM、CNN）的方法进行对比。在实验中，分别使用数据库中 30%、70% 的样本对分类器进行训练，使用剩下的样本进行测试，计算动态手势被正确识别的样本占测试样本总数的百分比（准确率）。为了提高测试结果的可靠性，本实验使用了交叉验证的测试方法，具体做法为：在给定的训练样本比例下，从数据库中随机选取训练样本，并使用剩下的样本进行测试，如此重复 100 次，取所有测试结果的均值作为实验结果。本实验在提取稀疏时频特征时，稀疏度 P 取值为 17，时频字典基信号高斯窗标准差 σ 取值为 32ms。在对比实验中，参照文献 [21] 中的方法设计 CNN，使用三层网络结构。实验结果如表 4-2 所示。

表 4-2　使用不同特征和分类器的方法的动态手势识别结果

编号	分类方法		30% 训练样本下的准确率	70% 训练样本下的准确率
	特征	分类器		
1	时域波形 PCA	最近邻分类器	61.82%	70.28%
2	时域波形 PCA	3- 近邻分类器	57.20%	68.89%
3	时域波形 PCA	朴素贝叶斯分类器	54.40%	58.06%
4	时域波形 PCA	SVM	64.38%	72.22%
5	频谱 PCA	最近邻分类器	84.29%	89.31%
6	频谱 PCA	3- 近邻分类器	83.75%	87.71%
7	频谱 PCA	朴素贝叶斯分类器	78.51%	79.44%
8	频谱 PCA	SVM	81.19%	87.36%
9	时频图 PCA	最近邻分类器	93.96%	94.10%
10	时频图 PCA	3- 近邻分类器	92.92%	95.83%
11	时频图 PCA	朴素贝叶斯分类器	86.64%	86.94%
12	时频图 PCA	SVM	94.05%	96.81%
13	时频图	CNN	93.63%	96.25%
14	稀疏时频特征	最近邻分类器	87.14%	89.58%
15	稀疏时频特征	3- 近邻分类器	84.82%	89.03%
16	稀疏时频特征	朴素贝叶斯分类器	81.31%	82.29%
17	稀疏时频特征	SVM	89.38%	91.83%
18	稀疏时频特征	改进 Hausdorff 距离分类器	96.93%	97.78%

从表4-2中可以看出，使用时域波形或频谱作为特征，识别效果较差，如4.1.1节所述，不同种类的动态手势在时域波形或频谱上的区分度不高。与使用时域波形或频谱作为特征相比，使用时频图作为特征得到的手势识别准确率显著提升，这是因为不同种类的动态手势在时频图上的区分度更高。联合使用稀疏时频特征和改进 Hausdorff 距离分类器的识别方法在所有识别方法中准确率最高。

实验 4-2：不同稀疏度取值下的手势识别准确率分析

本实验考察了基于稀疏时频特征的动态手势识别方法在不同的稀疏度取值下的准确率。在实验中，将稀疏度 P 的取值顺次设置为 $7 \sim 21$，将时频字典基信号高斯窗标准差 σ 设置为 32ms，提取动态手势信号的稀疏时频特征，然后将其输入 SVM 分类器和改进 Hausdorff 距离分类器中进行识别。分别在30%训练样本和70%训练样本下进行交叉验证，获得的手势识别准确率如图4-11所示，其中，"稀疏 +SVM"表示基于稀疏时频特征和 SVM 的动态手势识别方法；"稀疏+MHD"表示基于稀疏时频特征和改进 Hausdorff 距离分类器的动态手势识别方法。

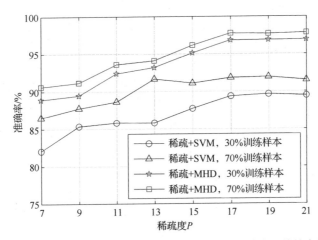

图 4-11　稀疏 +SVM/MHD 的手势识别准确率随稀疏度取值的变化情况

图 4-11 表明，当 $P<17$ 时，随着稀疏度 P 取值的增大，手势识别准确率不断提高。这是因为当 $P<17$ 时，动态手势信号的主要时频特征尚未被充分提取。随着 P 取值的增大，提取的有用时频特征增多，使不同动态手势之间的区分度提高，更有助于识别。当 $P \geq 17$ 时，随着稀疏度 P 取值的增大，手势识别准确率不再发生显著变化。这说明当 $P \geq 17$ 时，动态手势信号的主要时频特征

已被充分提取，增大 P 的取值不会带来明显的性能增益。基于这一结果，本节后续实验中均使稀疏度取值满足 $P \geq 17$。

实验 4-3：不同时频字典基信号高斯窗标准差下的手势识别准确率分析

本实验考察了基于稀疏时频特征和改进 Hausdorff 距离分类器的动态手势识别方法在不同的时频字典基信号高斯窗标准差下的准确率。在实验中，设置时频字典基信号高斯窗标准差 σ 在 $8 \sim 48\text{ms}$ 内变化，将稀疏度 P 的取值分别设置为 17、19、21，提取动态手势信号的稀疏时频特征，然后将其输入改进 Hausdorff 距离分类器中进行识别。分别在 30% 训练样本和 70% 训练样本下进行交叉验证，获得的手势识别准确率如图 4-12 所示。

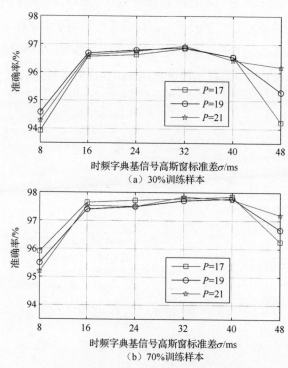

图 4-12　手势识别准确率随时频字典基信号高斯窗标准差 σ 的变化情况

图 4-12 表明，当时频字典基信号高斯窗标准差 σ 在 $16 \sim 40\text{ms}$ 内变化时，基于稀疏时频特征的动态手势识别方法的准确率变化不大。当 $\sigma < 16\text{ms}$ 或 $\sigma > 40\text{ms}$ 时，手势识别准确率显著下降。导致这一现象的原因是，时频字典基信号高斯窗标准差 σ 决定了时频字典的时频分辨率：当 σ 过小时，频域分辨率

较低；当 σ 过大时，时域分辨率较低。过低的时域分辨率和频域分辨率都不利于时频特征的提取，因此当 σ 偏离 $16 \sim 40ms$ 时，手势识别准确率会下降。

实验 4–4：不同训练样本数量下的手势识别准确率分析

本实验考察了以下 5 种动态手势识别方法在不同的训练样本数量下的准确率：稀疏 + MHD、稀疏 +SVM、时频图 PCA+SVM、时频图 +CNN、频谱 PCA+SVM。在实验中，设置训练样本比例从 10% 增加到 90%，稀疏度 P 取值为 17，时频字典基信号高斯窗标准差 σ 取值为 32ms。在每种训练样本比例下进行交叉验证，获得的手势识别准确率如图 4-13 所示。

图 4-13 表明，稀疏 +MHD 的动态手势识别方法获得了最高的准确率。随着训练样本比例的增大，时频图 PCA+SVM、时频图 +CNN 这两种动态手势识别方法的准确率显著提高，与稀疏 +MHD 动态手势识别方法之间的差距逐渐缩小。这一结果表明，稀疏 +MHD 动态手势识别方法在小训练样本的应用场景中更有优势。

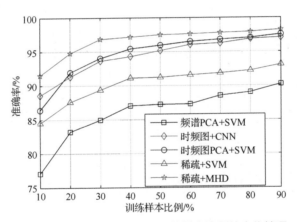

图 4-13　手势识别准确率随训练样本比例的变化情况

实验 4–5：训练库外受试者的手势识别准确率分析

本实验考察了以下 5 种方法对训练库外受试者动态手势的识别能力：稀疏 +MHD、稀疏 +SVM、时频图 PCA+SVM、时频图 +CNN、频谱 PCA+SVM。在实验 4-1 ～ 实验 4-4 中，所有 3 名受试者的数据被混合在一起，从混合数据中选取训练样本和测试样本。在本实验中，将各受试者的动态手势信号分开使用：选取一名受试者 70% 的数据作为训练样本，选取另两名受试者 70% 的数据作为测试样本。按照上述测试方法进行 50 次实验，计算平均准确率。稀疏度 P 取值为 17，时频字典基信号高斯窗标准差 σ 取值为 32ms，实验结果如表 4-3 所示。

表 4-3　对训练库外受试者的手势识别准确率

识别方法	测试样本来源		
	受试者 1	受试者 2	受试者 3
稀疏 +MHD	96.96%	96.88%	95.48%
稀疏 +SVM	90.54%	90.54%	88.21%
时频图 PCA+SVM	92.14%	91.80%	91.14%
时频图 +CNN	94.38%	95.25%	91.87%
频谱 PCA+SVM	84.68%	84.59%	81.07%

实验结果表明，在所测试的 5 种方法中，稀疏 +MHD 动态手势识别方法获得了最高的准确率，超过 95%。

4.2　基于深度神经网络的多基地雷达手势识别方法

4.2.1　实验场景与数据采集

本节将介绍实验中使用的用于获取多视角信息的多基地雷达系统及动态手势集设计与数据采集。

1. 多基地雷达系统

本实验使用的动态手势数据集采用 Ancortek 公司生产的 FMCW 一发四收雷达进行采集。其载波频率 $f_0 = 24\text{GHz}$，带宽 $B = 500\text{GHz}$，扫频重复频率 $f_{\text{CRF}} = 1\text{kHz}$，相应的距离分辨率为 0.3m，径向运动最大无模糊速度约为 $\pm 3.125\text{m/s}$。上述距离分辨率参数可以保证：①目标手势始终保持在一个距离单元内，无须考虑跨距离单元问题；②身体其余部分的运动，如呼吸运动和身体躯干的运动，以及远距离的其他动目标的运动，均可以通过距离门的选择进行剔除。上述最大无模糊速度大于动态手势通常情况下的最大速度，因此可保证正常情况下不出现多普勒混叠现象。

　　图 4-14 展示了本节使用的一发四收多基地雷达系统。其中，图 4-14（a）为天线排布和数据采集场景，图 4-14（b）（c）分别展示了该系统的外观和内部。如图 4-14（a）所示，该系统包含一个位于中心的发射天线，以及 4 个位于四角的接收天线，构成了 4 个通道。5 个天线位于同一平面。4 个接收天线构成了一个边长为 12cm 的正方形，并与位于中央的发射天线构成了大约 $\beta=19°$ 的双基地角。根据第 2 章 2.2 节中对双基地雷达点目标多普勒的计算，可以近似认为，该雷达系统等效于 4 个位于边长 6cm 的正方形顶点的单基地雷达。采集数据时，将雷达水平放置于桌面，受试者取坐姿，使一只手位于发射天线的 LOS 方向，在发射天线正前方约 25cm 处。

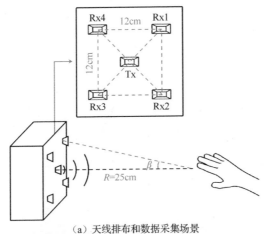

（a）天线排布和数据采集场景

（b）系统外观

（c）系统内部

图 4-14　用于动态手势采集的 24GHz 多基地雷达系统

2. 动态手势集设计与数据采集

实验的动态手势集由 10 种手势组成，根据手势的特点，将其进一步分为 4 组：挥手手势组（向上挥手、向下挥手、向左挥手、向右挥手）、画圆手势组（逆时针画圆、顺时针画圆）、符号手势组（十字、V 字和 X 字）和招手手势组（招手）。其中，前 3 组的动作均进行一次；招手动作以手腕为中心，连续左右挥舞手掌，并持续几次。

对于所有类别的手势，受试者首先将手置于图 4-14（a）所示的发射天线的 LOS 方向，手掌自然放松，接着按照指令完成一个手势，最后缓慢地返回起始位置。表 4-4 总结了全部 10 种手势的详细做法。表中的实线代表手势的主要运动方向，虚线代表运动之间的过渡阶段。

表 4-4　10 种手势的详细做法（第一视角）

A 组：挥手手势组				B 组：画圆手势组		C 组：符号手势组			D 组：招手手势组
向上挥手	向下挥手	向左挥手	向右挥手	逆时针画圆	顺时针画圆	十字	V 字	X 字	招手

为了说明各手势的运动特点，将手简化为一个点目标进行分析。手势运动可被分解为沿雷达 LOS 方向的径向分量和与之垂直的方位向分量、俯仰向分量（统称为横向分量）。同一分组中的手势具有类似的径向运动模式，但横向运动模式显著不同。为了便于理解，这里挑选了部分手势，其径向速度示意如图 4-15 所示。图中以不同的颜色标记径向速度的大小和符号，其中正向规定为朝向雷达。以 A 组手势"向上挥手"为例 [见图 4-15（a）]，手的运动轨迹为先接近雷达，随后远离，因此径向速度先正后负。A 组中向其他方向挥手的

手势也呈现出类似的径向模式。以 B 组手势"逆时针画圆"为例［见图 4-15（b）］，该组中无论是顺时针还是逆时针，理想情况下手和雷达之间的距离均不变，因此径向速度始终近似为零。C 组中的手势均由两个笔画构成，其中每个笔画的径向速度都与 A 组手势类似，因此 C 组手势的径向运动模式也相同［见图 4-15（c）～（e）］。

通过以上分析可知，仅通过径向运动模式很难区分每组内的不同手势，因此仅使用单基地雷达难以识别这些手势。

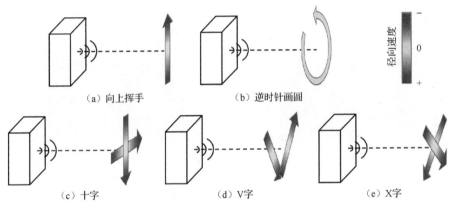

图 4-15 部分手势的径向速度示意

引入多基地雷达可解决上述手势识别困难问题。利用多基地雷达可以从多个视角观测手势运动，各通道采集的微动信号将因视角不同而产生差异，其中蕴含了手势的横向运动信息。以手势"十字"为例，对 4 个通道的微动信号进行 STFT，得到相应的时频图，如图 4-16 所示，其中 Rx1 ～ Rx4 分别表示图 4-14（a）中 4 个接收天线对应的通道。这里将时频图的幅度最大值归一化为 0dB，小于 -40dB 的信号分量将被滤除。图 4-16（d）中的Ⅰ、Ⅱ、Ⅲ区间分别与"十字"中的竖笔画、过渡动作及横笔画相对应。仔细观察 4 个通道的时频图，可看到因视角不同而产生的强度与多普勒频率之间的差异。

利用多基地雷达系统，本实验邀请 8 名受试者将上述手势集中的每种手势重复 30 次，共得到 8×10×30（人数 × 手势数 × 重复次数）= 2400 个数据样本，每个样本时长为 1.5s。为使采集过程尽量贴近实际的人机交互场景，在实验中仅给予受试者最基本的指导，不做过于严格的姿势要求，并鼓励受试者做出更多差异化动作。例如，做"画圆"手势时，画圆的起点可以位于圆的任意位置，每个手势的速度、幅度也可以有明显不同。

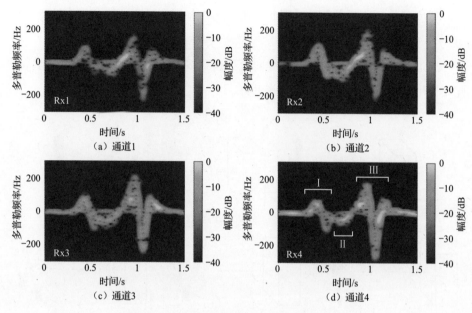

图 4-16 "十字"手势在各通道的时频图

4.2.2 动态手势识别算法设计

为了在动态手势识别中充分利用多基地雷达的优势，本节提出一种以时频图为输入、采用多阶段融合策略的深度神经网络模型。

1. 数据预处理

与 2.3.1 节类似，首先采用一个窄带滤波器滤除零多普勒频率附近的静止杂波。第 2 章 2.2.2 节提出了将雷达原始信号转化为多分辨率时频图的预处理方法，其中不同窗长的 STFT 提供了不同的时频分辨率。本节所用方法与之类似，但根据手势识别任务调整了窗长、重叠比例等参数。这里采用长度分别为 32 点、64 点和 128 点的 Blackman 窗，对应的时长分别为 32ms、64ms 和 128ms。FFT 点数设为 128 点，STFT 的滑窗步长设为 10 点，分别相当于 69%、84% 和 92% 的重叠率。上述参数根据经验选取，以达到时间分辨率和多普勒分辨率之间的平衡。图 4-17 展示了将 3 种长度的窗函数作用于雷达回波所得的多分辨率时频图, 其中图 4-17 (a) ～ (c) 的窗函数时长分别对应 32 点、64 点和 128 点的窗长。最终得到的时频图尺寸为 387×128×3 (时间 × 多普勒 × 不同时频分辨率), 该时频图将作为后续深度神经网络模型的输入。

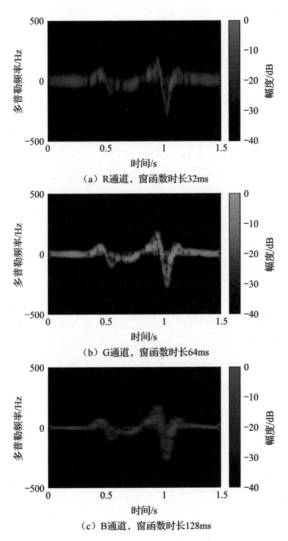

（a）R通道，窗函数时长32ms

（b）G通道，窗函数时长64ms

（c）B通道，窗函数时长128ms

图 4-17　"十字"手势在 Rx4 通道的多分辨率时频图

2. 多阶段融合深度神经网络模型

多阶段融合深度神经网络模型主体为由 N 条独立支路和一条融合支路组成的梯状网络, 其中每条独立支路的输入为一个雷达通道的时频图。各独立支路的结构完全相同，均由 7 个相连的卷积层 C-1 ～ C-7 构成，且对应层之间共享权重。该模型的整体结构如图 4-18 所示。为了简洁地显示图形，图中将 N 条独立支路叠合为一体，用 ⟹ 表示；融合支路用 → 表示。它和独立支路的结构相同，也包含与 C-1 ～ C-7 相同参数的卷积层 CC-1 ～ CC-7，但与独立支路不共享权重。独立支路与融合支路之间以 8 个融合模块相连，以竖直的 — 和 • 表示。每个融合模块均含有一个 0 ～ 1 范围内的融合权重 $w_i(i=0,1,2,\cdots,7)$，用于分配来自独立支路和融合支路的数据比例。在该结构中，输入时频图和网络中不同层级的特征可在多个位置进行融合。

图 4-18 中的局部放大图展示了融合模块的详细结构。设第 n 条独立支路的卷积层 C-i 的输出为 $X_{n,i}$，其尺寸为 $W\times H\times D$（时间 × 多普勒 × 深度），其中 D 等于卷积层 C-i 中卷积核的数量；融合支路的卷积层 CC-i 的输入为 I_i，输出为 O_i，当 $1\leqslant i<7$ 时，可将第 i 号融合模块的数据处理流程表示如下。

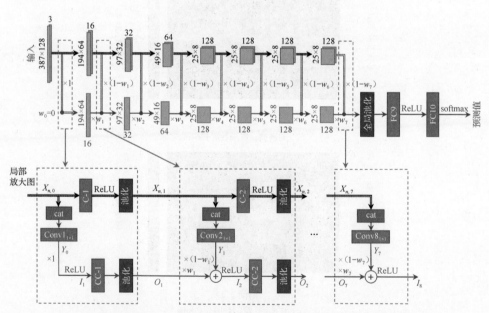

图 4-18　用于动态手势识别的多阶段融合深度神经网络模型的整体结构

（1）$X_i=\mathrm{cat}([X_{n,i}]_{n=1,2,\cdots,N})$，其中 $\mathrm{cat}(\cdot)$ 表示沿深度维进行拼接，该操作将 $W\times H\times D$ 尺寸的 $X_{n,i}$ 拼接成尺寸为 $W\times H\times ND$ 的 X_i。

（2）$Y_i=\mathrm{Conv}_{1\times 1}(X_i)$，其中 $\mathrm{Conv}_{1\times 1}(\cdot)$ 表示 1×1 卷积操作，Y_i 的深度维尺寸重新变为 D。

（3）$I_{i+1} = w_i O_i + (1-w_i) Y_i$，其中 w_i 为融合权重。

当 $i = 0$ 时，独立支路和融合支路不存在卷积层 C-0 与 CC-0，故步骤（1）中的 $X_{n,0}$ 应视为输入网络的各通道微多普勒时频图。步骤（3）中的 O_i（O_0）不存在，0 号融合模块并没有从融合支路的上一层获取信息，故可视为始终有 $w_0 = 0$。另外，由于输入微多普勒时频图的深度 $D = 3$（3 个不同时频分辨率）较小，为了减少信息损失，将步骤（2）中 1×1 卷积的输入和输出深度设置为相等，不再对深度维尺寸进行压缩。

当 $i = 7$ 时，因融合支路不存在卷积层 CC-8，故步骤（3）中的 I_{i+1}（I_8）不存在，此时的 I_8 应视为整个梯状融合结构的最终输出。

经上述梯状融合结构提取并融合的特征，进一步经过全局平均池化操作，将多普勒维和时间维的尺寸均压缩为 1，变成一维特征向量，再通过全连接层 FC9 和 FC10 输出预测的各类别概率。除了使用全部 4 个通道的输入，本节还将对比输入通道数 $N = 1, 2$ 的退化情况，以验证采用多基地融合的手段可提升动态手势识别的性能。特别地，当 $N = 1$ 时，上述网络的结构有所简化，将取消融合支路，仅保留独立支路，变为简单的线性结构。

表 4-5 详细列出了多阶段融合深度神经网络各层的卷积核尺寸、池化尺寸、输出通道数等参数。除全连接层 FC10 使用 softmax 激活函数外，其余所有卷积层和全连接层均使用 ReLU 激活函数。参照残差网络（ResNet）中对加法节点的做法，将融合节点中的 ReLU 放在加法之后，并在卷积层 C-1 ～ C-7、CC1 ～ CC7 之后，ReLU 之前使用了批归一化，以防止梯度消失并提高训练速度。与第 2 章类似，在训练时最小化预测结果的概率分布和真实标签之间的交叉熵损失函数，即

$$\mathcal{L} = -\sum_i \sum_c y_c^{(i)} \ln p_c^{(i)} \tag{4-13}$$

式中，$i = 1, 2, \cdots, N$ 为样本编号；c 为类别编号；$p_c^{(i)}$ 为预测样本 i 属于类别 c 的概率；$y_c^{(i)}$ 的取值为 1 或 0，当样本 i 的真实标签为类别 c 时取 1，否则取 0。

虽然图 4-18 所示的网络结构是针对多阶段融合提出的，但通过对各融合节点中的融合权重 $w_i (i = 0, 1, \cdots, 7)$ 采取不同的赋值方法，可以得到不同的融合策略。这里研究单阶段融合策略、权重固定多阶段融合策略和权重可学习多阶段融合策略，并在 4.2.3 节对比它们的性能。

表 4-5　多阶段融合深度神经网络各层详细参数

独立支路和融合支路				融合节点	
层名称	卷积核尺寸 （时间 × 多普勒）	输出通道数	池化尺寸 （下采样）	层名称	输出 通道数
C-1，CC-1	7×7	16	2×2 平均	$Conv1_{1×1}$	2
C-2，CC-2	5×5	32	2×2 平均	$Conv2_{1×1}$	16
C-3，CC-3	5×5	64	2×2 平均	$Conv3_{1×1}$	32
C-4，CC-4	3×3	128	2×2 平均	$Conv4_{1×1}$	64
C-5，CC-5	3×3	128	—	$Conv5_{1×1}$	128
C-6，CC-6	3×3	128	—	$Conv6_{1×1}$	128
C-7，CC-7	3×3	128	—	$Conv7_{1×1}$	128
				$Conv8_{1×1}$	128
FC 9 输出特征数	256				
FC 10 输出特征数	10				

1）单阶段融合策略

采用单阶段融合策略时，特征融合将仅在某个固定的融合模块处进行。设融合位置为第 k 号融合模块，将独立支路卷积层 C-k 和融合支路卷积层 CC-k 的输出特征图进行融合，此时融合权重 w_i 被赋值为

$$w_i = \begin{cases} 任意值, & 1 \leqslant i < k \\ 0, & i = 0, k \\ 1, & i > k \end{cases} \qquad (4\text{-}14)$$

图 4-19（a）展示了以 $k=2$ 为例的一个单阶段融合策略。在一个卷积神经网络中，靠近输入端的层通常学习到低层、局部的特征，而靠近输出端的层通常学习到高层、全局的特征。因此，采用固定融合位置的单阶段融合策略，实际上是选择了一个特征抽象层级进行特征融合。然而，对于不同的任务，融合层级的选择是困难且各异的，往往需要通过遍历的方法筛选最优融合位置。

2）权重固定多阶段融合策略

采用权重固定多阶段融合策略时，特征融合将在每个融合模块处进行，但融合权重的取值固定，即 w_i 被赋值为

$$w_i = \begin{cases} 0, & i = 0 \\ 1/2, & i > 0 \end{cases} \qquad (4\text{-}15)$$

式中，1/2 表示均匀分配来自独立支路和融合支路的信息。图 4-19（b）展示了权重固定多阶段融合策略。该策略融合了不同抽象层级的特征，相比单阶段融合策略更优。

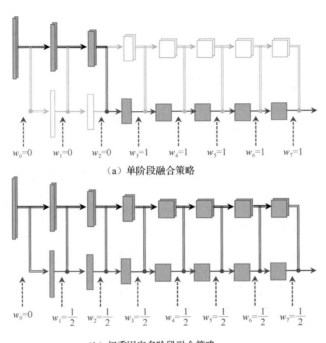

（a）单阶段融合策略

（b）权重固定多阶段融合策略

图 4-19　不同融合策略示意

3）权重可学习多阶段融合策略

在权重固定多阶段融合策略的基础上，权重可学习多阶段融合策略进一步允许各融合权重随整个网络一起优化，从而得到最适合数据分布的融合权重。通过学习融合权重，网络的结构实际也随之改变，前两种策略中的结构均可视为本策略的一个特例。由于 $w_i \in [0,1]$，这里在实际操作中引入一个小技巧，设置并优化一个代理变量 $u_i \in \mathbb{R}$，再通过非线性变换将其转化为 w_i，即

$$w_i = \begin{cases} 0, & i = 0 \\ \sigma(u_i), & i > 0 \end{cases} \qquad (4\text{-}16)$$

式中，$\sigma(x) = e^x/(e^x + 1)$ 是 Sigmoid 函数。

3. 训练细节

下面采用 TensorFlow 平台的 Keras 环境实现本节涉及的所有网络模型。训练采用 Adam 优化器，共进行 100 轮，设置批大小为 30。在前 80 轮中，将全局学习率设置为 $\alpha = 3 \times 10^{-3}$，在最后 20 轮中，全局学习率衰减为 $\alpha = 3 \times 10^{-4}$。全局学习率适用于除代理变量 u_i 外的所有权重，仅对 u_i 采用较高的 10α 学习率，以促使网络探索更丰富的融合权重组合。此外，本节还设置权重衰减系数为 5×10^{-4} 来对各层权重添加少量 L2 约束[19]，并在全连接层 FC9 的输出部分增加了随机失活操作。

数据增强是提高训练样本多样性、缓解过拟合现象的重要手段。视觉任务中常见的数据增强方式包括随机裁切、随机旋转和切变、随机缩放等。然而，其中一些数据增强方式应用于时频图中并不具备清晰的物理意义。例如，随机旋转和切变将时频坐标进行了混合，沿频率轴的随机平移相当于移动了多普勒中心。这些情况在实际手势运动中并不存在。因此，本节在训练中仅采用以下3种数据增强手段：①沿时间轴的随机平移和裁切；②沿时间轴和频率轴的随机缩放；③在原始回波数据中添加少量复高斯白噪声。

4.2.3 实验结果

本节将在 4.2.1 节采集的实测数据上验证 4.2.2 节提出的网络模型的性能，并从两个方面验证权重可学习多阶段融合策略的优势：①对比使用单视角时频图和多视角时频图作为输入时的性能差异，验证多基地融合的有效性；②对比不同融合策略的性能差异，验证权重可学习多阶段融合策略的有效性。

实验采用"留一实验对象"的交叉验证方式，即按照受试者的身份将数据集分为 8 组，每组 1 人，每次选定一人的数据作为测试集，其余 7 人的数据作为训练集。如此重复 8 次，并报告各次实验的平均准确率，具体计算公式为

$$\text{Accuracy} = \frac{\text{正确预测的样本数}}{\text{总样本数}} \tag{4-17}$$

为降低随机因素的影响，在初始化深度神经网络时选取不同的随机种子，将上述流程重复 3 次，并记录各次实验准确率的均值与标准差。

1. 单视角通道输入与多视角通道输入的识别性能对比

在 4 个通道中考察下列 3 种组合的识别性能：①仅使用单一通道（单视角通道）的数据，分别以 Rx1 ~ Rx4 的数据作为输入进行实验；②同时输入对角线上的两个通道（双视角通道）的数据，实验中测试（Rx1，Rx3）与（Rx2，Rx4）两种情况；③同时输入全部 4 个通道（四视角通道）的数据。

另外，我们在实验中注意到，采用不同通道数的时频图作为输入时，参与训练的数据总量是不同的，这可能成为一个干扰因素。在此，将训练数据总量定义为各不相同的数据的总时长。例如，一个单视角通道数据样本仅包含 1.5s 原始回波信号，而一个四视角通道数据样本的数据总时长为 1.5×4 = 6s。此外，输入通道数量的改变会改变网络结构。为此，本节设计了 4 项实验，在分别控制网络结构和训练数据总量的条件下，对比雷达通道数量对识别性能的影响，各实验的详细描述如下。

实验 I：使用单视角通道雷达数据的全部训练样本，送入图 4-18 所示网络的单输入版本。

实验 II：同样使用单视角通道雷达数据的全部训练样本，但将数据复制 2 份或 4 份，送入图 4-18 所示网络的 2 输入或 4 输入版本。

实验 III：使用双视角通道和四视角通道雷达数据的全部训练样本，分别送入图 4-18 所示网络的 2 输入版本和 4 输入版本。

实验 IV：在实验 III 的基础上，使用双视角通道雷达数据时，随机选取训练集中 50% 的样本参与训练；使用四视角通道雷达数据时，相应的样本比例降为 25%。

各实验的结果如表 4-6 所示，下面进行详细对比。

表 4-6　雷达视角通道数量对识别准确率的影响

实验序号	训练集比例	网络的输入数量 N	采用的雷达视角通道	识别准确率 /%（均值 ± 标准差）	平均准确率 /%
实验 I	100%	1	Rx 1	72.08 ± 0.48	73.12
			Rx 2	72.00 ± 1.22	
			Rx 3	75.91 ± 0.21	
			Rx 4	72.49 ± 0.34	

实验序号	训练集比例	网络的输入数量 N	采用的雷达视角通道	识别准确率 /%（均值 ± 标准差）	平均准确率 /%
实验 II	100%	2*	Rx 1	71.15 ± 0.16	72.75
			Rx 2	71.99 ± 0.63	
			Rx 3	75.86 ± 0.55	
			Rx 4	72.00 ± 0.34	
	100%	4*	Rx 1	71.67 ± 0.15	72.65
			Rx 2	71.81 ± 0.54	
			Rx 3	75.60 ± 0.91	
			Rx 4	71.52 ± 0.47	
实验 III	100%	2	Rx 1, Rx 3	88.16 ± 0.33	89.66
			Rx 2, Rx 4	91.16 ± 0.30	
	100%	4	Rx 1, Rx 2, Rx 3, Rx 4	99.20 ± 0.14	99.20
实验 IV	50%	2	Rx 1, Rx 3	85.98 ± 0.12	87.56
			Rx 2, Rx 4	89.13 ± 0.08	
	25%	4	Rx 1, Rx 2, Rx 3, Rx 4	95.44 ± 0.23	95.44

* 单视角通道的时频图复制多份作为网络的多个输入。

实验 I 与实验 II 均使用单视角通道雷达数据，训练数据总量也相等，但网络结构有所不同。两者的识别准确率均略高于 70%，没有表现出显著差异，表明仅改变网络结构本身而不引入新的雷达视角通道难以提升识别性能。

实验 II 与实验 IV 的网络结构和训练数据总量均相等，但使用的雷达视角通道数量不同。随着使用的雷达视角通道数量从 1 增加至 4，识别准确率从 73% 左右上升至 95% 左右，表现出显著提升。上述结果有力地证明了融合多视角微动特征在动态手势识别中的优势。

实验 III 与实验 IV 的网络结构和雷达通道数量均相等，但实验 III 的训练数据总量更高。在增加训练数据总量后，全部数据参与训练的实验 III 表现出了更高的识别准确率，其中采用四视角通道雷达数据时，平均准确率从 95.44% 上升到 99.20%，是 4 项实验所用网络模型及训练方法在该数据集上的最好结果。上述结果证明了实验所用训练方法具有一定的扩展性。

以上实验验证了多基地雷达数据融合的有效性，这与前文的分析相符，即从多个视角观测手势动作，得到的多视角通道微动数据包含更完整的运动信息。

下面进一步分析各动态手势类别的识别情况。图 4-20 展示了多阶段融合深度神经网络模型分别以单视角通道、双视角通道、四视角通道的雷达数据作为输入时的混淆矩阵。其中图 4-20（a）为单视角通道输入，对应表 4-6 中的实验 I，取 Rx1 ～ Rx4 的平均结果；图 4-20（b）为双视角通道输入，对应表 4-6 中实验 III 的上半部分，取（Rx1,Rx3）与（Rx2,Rx4）两组的平均结果；图 4-20（c）为四视角通道输入，对应表 4-6 中实验 III 的下半部分。在混淆矩阵中，矩阵的行和归一化为 1，即对角线上的数值为各类别的召回率。

　　通过观察混淆矩阵可以发现，其中存在块对角模式，该模式在单视角通道输入中最明显，而在四视角通道输入中不可见。其中，最明显的两个块分别对应"挥手"和"画圆"手势组，表明这两组动态手势的组内识别存在困难。这是因为每组手势在径向运动模式上几乎不可区分，单视角通道雷达难以获取径向以外的信息，所以表现最差；双视角通道雷达能够识别单一维度的横向运动，在多数情况下能较准确地识别手势。相比之下，"符号"手势组（包括"十字""V字""X 字"）和"招手"手势组的识别准确率整体较高，这可能是因为这两类手势的复杂度较高，每个手势均由多个笔画构成，必须匹配所有笔画才能完成识别。

　　通过分析还可以发现，若将"挥手"手势组进一步分为向上挥手 / 向右挥手、向下挥手 / 向左挥手两个子类，则从混淆矩阵中可以看见两个子类之间的识别准确率较高，而子类内的分类较为困难。该现象提示"挥手"手势组的 4 个动作并非严格对称的。按照表 4-4 对手势动作的要求，向上挥手、向右挥手的运动方向均朝向掌背，向下挥手、向左挥手的运动方向均朝向掌心。多阶段融合深度神经网络可能学习到了这一共性的微动特征，从而提高了子类之间的识别准确率。

2. 单阶段融合策略与多阶段融合策略的识别性能对比

　　4.2.2 节根据融合权重的不同赋值方式，给出了 3 种融合策略，即单阶段融合策略、权重固定多阶段融合策略和权重可学习多阶段融合策略。以下分别使用双视角通道雷达数据和四视角通道雷达数据作为输入，通过实验比较 3 种融合策略的识别性能，并将结果展示在图 4-21 中。其中，图 4-21（a）（b）分别表示使用双视角通道输入和四视角通道输入时的识别准确率。图中的白色背景表示单阶段融合策略的结果，横轴上的 0 ～ 7 表示融合位点，与式（4-14）中的 k 具有相同的含义。当 $k = 0$ 时，融合位置位于输入的时频图处，表示最低

雷达人体感知

层级的特征融合。随着 k 变大，所融合特征的抽象层级逐渐提高，$k=7$ 表示最高层级的特征融合。在灰色背景中，横轴上的"固定"表示权重固定多阶段融合策略，"可学习"表示权重可学习多阶段融合策略。

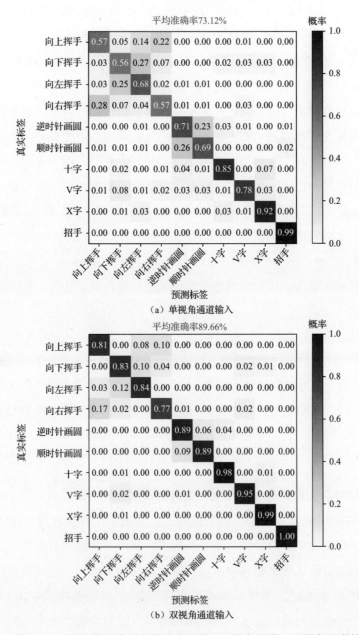

图 4-20　所提模型分别以单视角通道、双视角通道、四视角通道的
雷达数据作为输入时的混淆矩阵

144

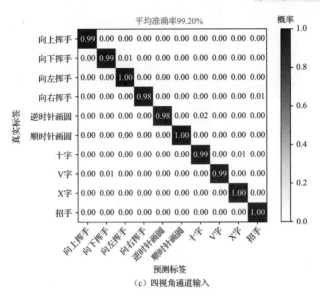

（c）四视角通道输入

图 4-20　所提模型分别以单视角通道、双视角通道、四视角通道的
雷达数据作为输入时的混淆矩阵（续）

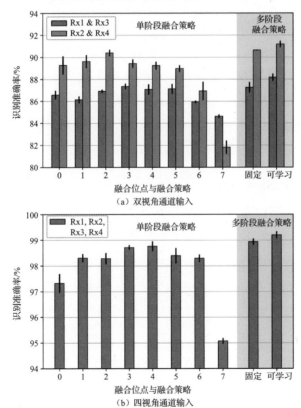

图 4-21　不同融合策略对识别准确率的影响
注：图中黑色短线表示 3 次随机重复实验结果的正负一个标准差范围。

由图 4-21 可见,对于使用单阶段融合策略的网络,采用双视角通道输入时,识别准确率在 $k=3$(以 Rx1 和 Rx3 雷达数据为输入)或 $k=2$(以 Rx2 和 Rx4 雷达数据为输入)处达到峰值;采用四视角通道输入时,识别准确率在 $k=4$ 处达到峰值。图 4-21(a)(b)的共同点是最优的融合位点均位于网络中部,即融合中等层级的特征最有利于手势识别。当融合位点向更低层级的特征移动时,识别准确率有所下降,但降速较为缓慢;当融合位点向更高层级的特征移动时,识别准确率会在 $k \geq 6$ 时加速下降。这是因为:一方面,随着卷积层的加深,池化操作将特征图的空间分辨率不断压缩,导致高层级的特征丢失了大量局部空间信息;另一方面,根据 4.2.1 节的分析,手势动作的横向运动特征恰好体现在不同视角通道时频图的细微差别之中。因此,仅通过高层级特征的融合难以捕捉到有效的横向运动特征,从而显著影响了识别性能。

下面进一步对比 3 种融合策略的最优识别准确率。由图 4-21 可见,权重固定多阶段融合策略的识别准确率在使用 Rx2 和 Rx4 雷达数据、四视角通道雷达数据作为输入时,均比单阶段融合策略的最优识别准确率高 0.2 个百分点。权重可学习多阶段融合策略的性能更优,在相同条件下分别比单阶段融合策略的最优识别准确率高 0.9 个百分点和 0.4 个百分点,最高达到了 99.2% 的准确率。以上结果表明,权重可学习多阶段融合策略相比其他两种融合策略的融合效果更优。

3. 训练时间和推理时间

将多阶段融合深度神经网络结构在包含两块英特尔至强 E5-2640v4 中央处理器、一块英伟达 GeForce GTX 1080 图形处理器和 128GB 内存的服务器上进行训练。全数据训练时间和单样本推理时间如图 4-22 所示。图中横轴上的"无融合"代表单视角通道情形,其余部分和图 4-21 中的含义相同。在计算单样本推理时间时,仍采用和训练时相同的批大小,即每批次 30 个样本。

如图 4-22 所示,单视角通道输入网络因结构简单,训练和推理耗时显著低于其他神经网络模型;使用两种多阶段融合策略的神经网络模型的耗时最长且两者基本相当;使用单阶段融合策略的神经网络模型的耗时介于前两种神经网络模型之间，且训练时间和推理时间随融合位点的后移而逐渐增加，这是因为融合前的各卷积层需要在 N 条独立支路中分别计算，而融合后只需在融合支路上计算一次［见图 4-19（a）］。

　　前面的实验已经验证了本节所提多视角通道输入网络和权重可学习多阶段融合策略在识别准确率方面的优越性，同时耗用了比其他网络和融合策略更长的训练时间与推理时间。但也应注意到，一个时长为 1.5s 的样本的推理时间最高仅为 2.1ms，可满足实时性要求。

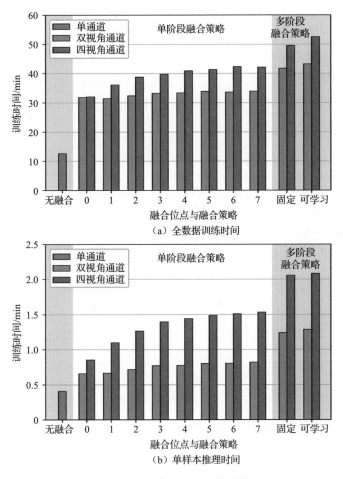

图 4-22　全数据训练时间和单样本推理时间

4. 融合权重可视化

图 4-23 给出了交叉验证中 8 个网络实例的融合权重平均值。图 4-23（a）～（c）分别表示以（Rx1,Rx3）、（Rx2,Rx4）及全部 4 个视角通道的雷达数据作为输入的模型。图 4-23 是图 4-18 的简化形式，仅提取了与融合权重 $w_i(i=0,1,\cdots,7)$ 有关的结构骨架，忽略了其他部分。图中的 $X_{n,i}$ 与图 4-18 中的含义相同，路径 $X_{n,0} \rightarrow X_{n,1} \rightarrow \cdots \rightarrow X_{n,7}$ 表示独立支路；f_i 为图 4-18 中的各个加法运算节点，路径 $f_0 \rightarrow f_1 \rightarrow \cdots \rightarrow f_7$ 表示融合支路，其各边上的权重为 $w_i(i=0,1,\cdots,7)$。

图 4-23 反映了不同网络结构的共有模式：①w_2 值很小，表明融合主要开始于图 4-18 中卷积层 C-2 和 CC-2 的输出特征图处；②$w_3 \sim w_6$ 的值均接近 0.7，表明网络倾向于融合中层级与高层级特征；③$w_7 \approx 1$，表明网络拒绝融合最高层级特征。这些模式和通过图 4-21 总结出来的规律接近，因此可以认为，权重可学习多阶段融合策略的确学习到了合理的融合权重。

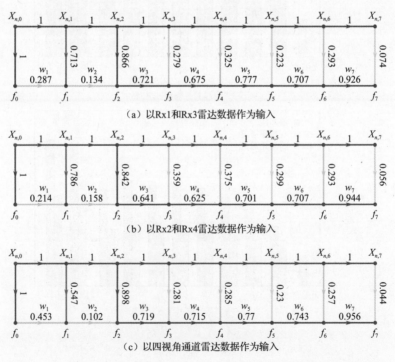

（a）以 Rx1 和 Rx3 雷达数据作为输入

（b）以 Rx2 和 Rx4 雷达数据作为输入

（c）以四视角通道雷达数据作为输入

图 4-23　权重可学习多阶段融合策略从数据中学习到的融合权重平均值

4.2.4　实时动态手势识别的原理演示验证系统

本节利用 4.2.1 节使用的实验设备，并对前述动态手势识别方法进行少量修改，实现了一个实时动态手势识别的原理演示验证系统（以下简称"实时动态手势识别系统"）。前述动态手势识别方法均针对一个预分割的完整手势动作进行处理，而实时动态手势识别系统需要对连续输入的雷达信号流进行实时识别。为满足实时处理的需求，对前述动态手势识别方法在以下方面进行了优化。

1. 多阶段融合深度神经网络模型优化

对图 4-18 中的多阶段融合深度神经网络模型进行如下优化。首先，将全局池化层改为仅沿多普勒维进行算术平均，保持时间维的分辨能力，改动后该层以 0.16s 为步长，每时刻输出一个长度为 128 的特征向量；其次，去除全局池化层后的全连接层 FC9 和 FC10，改为一层 LSTM 网络，对上述特征向量进行处理，以 0.16s 为步长输出各时刻 t 预测的手势类别 c 的概率 $p_c(t)$。优化前后的多阶段融合深度神经网络模型输出部分如图 4-24 所示。

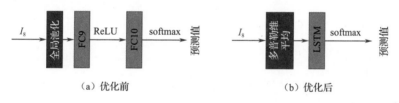

（a）优化前　　　　　　　　　　　　　　（b）优化后

图 4-24　优化前后的多阶段融合深度神经网络模型输出部分

2. 手势集优化

将表 4-4 中原有的 10 种动态手势精简为 7 种，取消其中笔画较多的 C 组手势"十字""V 字""X 字"，这是因为笔画手势必须完成所有笔画才能表示特定的含义，如果笔画较多，可能产生较大的识别延迟，且在流式识别中容易与"挥手"等单笔画手势混淆。另外，在多阶段融合深度神经网络模型预测的手势类别中加入了空类别 $\varnothing$，以表示没有手势存在的情况。

3. 损失函数和后处理优化

为使一个手势动作仅输出一个识别的手势符号，这里采用连接时序分类

（Connectionist Temporal Classification，CTC）损失函数重新训练网络，实现各时刻手势类别概率 $p_c(t)$ 向手势符号序列的转化。

记手势集 $\mathcal{A} = \{1,2,\cdots,7,\varnothing\}$，其中 $\varnothing$ 表示空类别。LSTM 层在各时刻 t 输出的手势类别概率为 $p_c(t)(c \in \mathcal{A}, t = 0,1,\cdots,T-1)$，其中 T 表示 LSTM 层输出的时间序列长度。记该段时间内，真实的手势符号序列为 $\boldsymbol{l} = [l_0, l_1, \cdots, l_{L-1}] \in \mathcal{A}^L$，其中 L 表示真实的手势符号序列长度，即序列中包含的手势符号个数。由于 LSTM 层的输出步长仅为 0.16s，小于一个手势的持续时间，因此有 $L < T$。

CTC 损失函数考虑一种映射 $\mathcal{B}$，将长度为 T 的序列 $\boldsymbol{c} = [c_0, c_1, \cdots, c_{T-1}] \in \mathcal{A}^T$ 映射为长度为 L 的序列 $\boldsymbol{l}$，即 $\mathcal{B}(\boldsymbol{c}) = \boldsymbol{l}$。具体地，$\mathcal{B}(\boldsymbol{c})$ 首先合并 $\boldsymbol{c}$ 中相邻时刻的、取值非 $\varnothing$ 且相等的元素，直到不能继续合并为止，然后去除序列中的 $\varnothing$。例如，若 $\boldsymbol{c} = [1,1,\varnothing,2,2,\varnothing,\varnothing,3,4,\varnothing]$，则 $\mathcal{B}(\boldsymbol{c}) = [1,2,3,4]$。

CTC 损失函数进一步假设 LSTM 层各时刻的输出均为独立的。记神经网络的输入为 $\boldsymbol{x}$，则某一序列 $\boldsymbol{c} = [c_0, c_1, \cdots, c_t, \cdots, c_{T-1}] \in \mathcal{A}^T$ 的输出概率为

$$P(\boldsymbol{c}|\boldsymbol{x}) = \prod_{t=0}^{T-1} p_{c_t}(t) \qquad (4\text{-}18)$$

式中，$p_{c_t}(t)$ 表示 t 时刻预测为类别 c_t 的概率。记 $\mathcal{B}^{-1}$ 为 $\mathcal{B}$ 的逆映射，则真实的手势符号序列 $\boldsymbol{l} = [l_0, l_1, \cdots, l_{L-1}] \in \mathcal{A}^L$ 的输出概率为

$$P(\boldsymbol{l}|\boldsymbol{x}) = \sum_{c \in \mathcal{B}^{-1}(\boldsymbol{l})} P(\boldsymbol{c}|\boldsymbol{x}) \qquad (4\text{-}19)$$

采用 CTC 损失函数进行训练，即对于每个包含多个手势动作的样本对 $(\boldsymbol{x}, \boldsymbol{l})$，最大化似然函数 $P(\boldsymbol{l}|\boldsymbol{x})$。在推理过程中，选取 LSTM 层各输出时刻概率最大的类别生成序列 $\boldsymbol{c}$，即 $\boldsymbol{c}$ 的分量 $c_t = \underset{c}{\mathrm{argmax}}(p_c(t))$，预测的手势符号序列为 $\mathcal{B}(\boldsymbol{c})$。

为构建包含多个手势的训练数据，这里将 4.2.1 节中采集的单手势样本随机拼合，并采用 CTC 损失函数进行训练。

图 4-25 展示了一段测试集上实时动态手势识别神经网络的输入和输出样例。其中，图 4-25（a）表示通道 Rx1 的雷达信号经过预处理所得的多分辨率时频图，标注有相应的手势动作名称，时频图各时刻的最大值被归一化为 0dB；图 4-25（b）表示经过 CTC 损失函数训练后，实时识别神经网络 LSTM

层各时刻输出的手势类别概率 $p_c(t)$。对比两图可知，实时动态手势识别系统能够以较小的延迟正确预测各类动态手势的概率 $p_c(t)$，仅手势"招手"的识别延迟稍大（以"招手"动作开始的瞬间计时，约 0.7s），这是因为算法需要将"招手"和"向左挥手""向右挥手"进行区分，待手掌完成多次往复运动后，才能将其判定为"招手"。

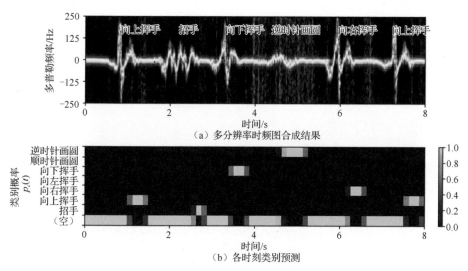

图 4-25　实时动态手势识别神经网络的输入和输出样例

基于上述实时识别方法，本节开发了一个实时动态手势识别系统，其框架如图 4-26 所示，各模块功能简述如下。

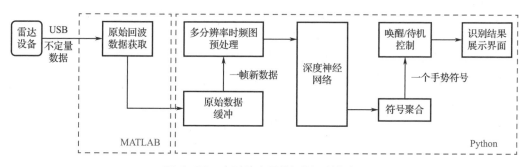

图 4-26　实时动态手势识别系统框架

（1）原始回波数据获取：通过 Ancortek 公司的 SDR-Kit-2400AD4 雷达的

MATLAB 接口，实现雷达参数配置、初始化、原始回波信号获取等功能。

（2）原始数据缓冲：储存原始数据，每隔 0.16s 步长发送一帧新数据。

（3）多分辨率时频图预处理：执行 4.2.2 节中的多分辨率时频图预处理算法。

（4）深度神经网络：利用本节优化的多阶段融合深度神经网络模型预测各时刻类别的概率 $p_c(t)$。

（5）符号聚合：将 $p_c(t)$ 转化为手势符号，记 $c_t = \underset{c}{\mathrm{argmax}}(p_c(t))$，若时刻 t 满足 $c_t \neq \varnothing$ 且 $c_t \neq c_{t-1}$，则认为在时刻 t 识别出了一个新的手势符号 c_t，并向后续模块输出这一手势符号。

（6）唤醒/待机控制：为防止误触，系统启动时处于待机状态；检测到"招手"动作后，进入唤醒状态并持续识别新手势；若长时间无新手势，重返待机状态。

（7）识别结果展示界面：在计算机屏幕上展示识别结果。

在搭载英特尔酷睿 i5-4690 中央处理器及 16GB 内存的计算机上运行上述实时动态手势识别系统，可以实现稳定的实时识别。通过对训练集中未包含的人员进行现场实验，当手势动作位于雷达 LOS 附近的指定区域时，本节所提实时动态手势识别系统能够以低延迟、高准确率识别手势动作序列。当手势动作严重偏离雷达 LOS 时，由于雷达波束主瓣宽度有限，且训练数据集中未包含该极端情况，识别准确率会有所下降。图 4-27 展示了实时动态手势识别系统的运行视频截图，每行图片都展示了一种手势的识别过程，时间轴正方向为自左向右。在"招手"动作中，系统初始化完成后进入待机状态，屏幕上显示"Wave hand to start"，提示用户做出"招手"动作以唤醒系统；检测到"招手"动作时，屏幕上显示"started"，提示进入唤醒状态，随后以红色文字显示当前新识别的手势为"招手"（Waving）。其余的 6 个动作识别过程与此类似。在手势进行过程中（每行左侧图片序列），由于识别延迟的存在，屏幕上显示的信息为上一个手势的名称，以浅蓝色文字表示；当手势动作结束、系统识别出该手势时，屏幕上以红色文字显示出新识别手势的名称（每行最右侧红框内的图片）。

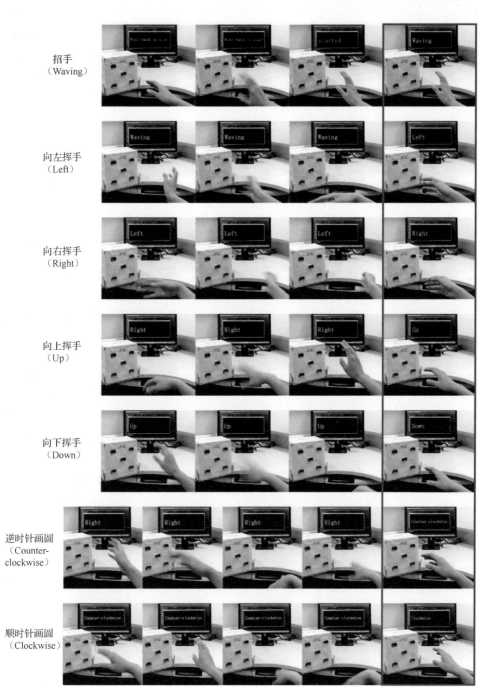

招手
（Waving）

向左挥手
（Left）

向右挥手
（Right）

向上挥手
（Up）

向下挥手
（Down）

逆时针画圆
（Counter-
clockwise）

顺时针画圆
（Clockwise）

手势进行中　　　　　　　　　　识别时刻

图 4-27　实时动态手势识别系统运行视频截图

本章小结

　　动态手势识别技术可以将人的手势映射为操作指令，在人机交互等领域具有重要价值。本章针对雷达手势识别，通过实测数据验证了所提方法的有效性[22-23]，并得到以下结论。

　　（1）雷达时频图中包含手势动作引起的随时间变化的多普勒信息，可用于区分不同类型的动态手势。

　　（2）动态手势在时频图上的能量分布具有稀疏性，使用稀疏恢复技术可以有效实现时频特征提取，提高手势识别准确率。

　　（3）具有多视角信息的多基地雷达数据可以提供全方位的手势三维运动信息，获得比单基地雷达更优的手势识别性能，也可以区分更复杂的动态手势。

　　（4）在融合多基地雷达采集的多视角数据时，权重可学习多阶段融合策略相比单阶段融合策略和权重固定多阶段融合策略具有更强的特征表征能力，可以获得更优的手势识别性能。

参考文献

[1] ZHANG Z, TIAN Z, ZHANG Y, et al. u-DeepHand: FMCW radar-based unsupervised hand gesture feature learning using deep convolutional auto-encoder network [J]. IEEE Sensors Journal, 2019, 19(16): 6811-6821.

[2] LI G, ZHANG R, RITCHIE M, et al. Sparsity-driven micro-Doppler feature extraction for dynamic hand gesture recognition [J]. IEEE Transactions on Aerospace and Electronic Systems, 2018, 54(2): 655-665.

[3] RYU S J, SUH J S, BAEK S H, et al. Feature-based hand gesture recognition using an FMCW radar and its temporal feature analysis[J]. IEEE Sensors Journal, 2018, 18(18): 7593-7602.

[4] LI G, ZHANG S, FIORANELLI F, et al. Effect of sparsity-aware time–frequency analysis on dynamic hand gesture classification with radar micro-Doppler signatures [J]. IET Radar, Sonar & Navigation, 2018, 12(8): 815-820.

[5] ULLMANN I, GUENDEL R G, KRUSE N C, et al. A survey on radar-based continuous human activity recognition[J]. IEEE Journal of Microwaves, 2023, 3(3): 938-950.

[6] WANG Z, LI G, YANG L. Dynamic hand gesture recognition based on micro-Doppler radar signatures using hidden Gauss-Markov models [J]. IEEE Geoscience and Remote Sensing Letters, 2021, 18(2): 291-295.

[7] CANDES E J, ROMBERG J K, TAO T. Stable signal recovery from incomplete and inaccurate measurements[J]. Communications on Pure and Applied Mathematics: A Journal Issued by the Courant Institute of Mathematical Sciences, 2006, 59(8): 1207-1223.

[8] RAO W, LI G, WANG X, et al. Parametric sparse representation method for ISAR imaging of rotating targets[J]. IEEE Transactions on Aerospace and Electronic Systems, 2014, 50(2): 910-919.

[9] GURBUZ S Z, AMIN M G. Radar-based human-motion recognition with deep learning: promising applications for indoor monitoring [J]. IEEE Signal Processing Magazine, 2019, 36(4): 16-28.

[10] SKARIA S, AL-HOURANI A, LECH M, et al. Hand-gesture recognition using two-antenna Doppler radar with deep convolutional neural networks [J]. IEEE Sensors Journal, 2019, 19(8): 3041-3048.

[11] ZHANG Z, TIAN Z, ZHOU M. Latern: dynamic continuous hand gesture recognition using FMCW radar sensor [J]. IEEE Sensors Journal, 2018, 18(8): 3278-3289.

[12] YANG L, LI G. Sparsity aware dynamic gesture classification using dual-band radar[C]//2018 19th International Radar Symposium (IRS). Piscataway, NJ: IEEE, 2018: 1-6.

[13] TEKIN B, MÁRQUEZ-NEILA P, SALZMANN M, et al. Learning to fuse 2D and 3D image cues for monocular body pose estimation[C]//Proceedings of the IEEE International Conference on Computer Vision. Piscataway, NJ: IEEE, 2017: 3941-3950.

[14] SOLEYMANI S, DABOUEI A, KAZEMI H, et al. Multi-level feature abstraction from convolutional neural networks for multimodal biometric identification[C]//2018 24th International Conference on Pattern Recognition (ICPR). Piscataway, NJ: IEEE, 2018: 3469-3476.

[15] CHEN V C, LI F, HO S S, et al. Micro-Doppler effect in radar: phenomenon, model, and simulation study[J]. IEEE Transactions on Aerospace and Electronic Systems, 2006, 42(1): 2-21.

[16] MALLAT S G, ZHANG Z. Matching pursuits with time-frequency dictionaries[J]. IEEE Transactions on Signal Processing, 1993, 41(12): 3397-3415.

[17] ELDAR Y C, KUTYNIOK G. Compressed sensing: theory and applications[M]. Cambridge: Cambridge University Press, 2012.

[18] PATI Y C, REZAIIFAR R, KRISHNAPRASAD P S. Orthogonal matching pursuit: recursive function approximation with applications to wavelet decomposition[C]//Proceedings of 27th Asilomar Conference on Signals, Systems and Computers. Piscataway, NJ: IEEE, 1993: 40-44.

[19] GOODFELLOW I, BENGIO Y, COURVILLE A. Deep learning[M]. Cambridge: MIT Press, 2016.

[20] DUBUISSON M P, JAIN A K. A modified Hausdorff distance for object matching[C]// Proceedings of 12th International Conference on Pattern Recognition. Piscataway, NJ: IEEE, 1994, 1: 566-568.

[21] KIM Y, TOOMAJIAN B. Hand gesture recognition using micro-Doppler signatures with convolutional neural network[J]. IEEE Access, 2016(4): 7125-7130.

[22] 张瑞. 基于微多普勒分析的雷达目标分类方法研究 [D]. 北京：清华大学，2017.

[23] 陈兆希. 基于雷达微动信号深度学习的人体行为识别 [D]. 北京：清华大学，2022.

第 5 章

雷达在慢性阻塞性肺病筛查中的应用

慢性呼吸系统疾病是全球最流行的非传染性疾病之一,其中慢性阻塞性肺病(Chronic Obstructive Pulmonary Disease,COPD,以下简称"慢阻肺")和哮喘是最主要的两种。根据 2017 年的一项研究[1],慢阻肺在所有慢性呼吸系统疾病中的全球患病率最高(3.9%),是慢性呼吸系统疾病相关死亡的首要原因。慢阻肺以持续的气流受限为主要特征,并伴有相应的呼吸系统症状。严重的慢阻肺可能合并其他病症,如心血管疾病、抑郁症、糖尿病、阻塞性睡眠呼吸暂停等。为了提高全球范围内对慢阻肺的认识,改善对这种疾病的预防和治疗,慢阻肺全球倡议(Global Initiative for Chronic Obstructive Disease,GOLD)基于最新研究信息颁布了《慢性阻塞性肺疾病诊断、处理和预防全球策略》并每年更新。这也反映全球社会对慢阻肺的高度重视。

中华医学会呼吸病学分会慢性阻塞性肺疾病学组 2021 年发布的《慢性阻塞性肺疾病诊治指南(2021 年修订版)》[2] 提出,虽然慢阻肺在慢性呼吸系统疾病中患病率和致死率最高,但完全可以预防和治疗。引发慢阻肺的因素主要分为个体因素和环境因素。在个体因素中,慢阻肺具有遗传易感性,在高龄人群中更易发病，肺部的生长发育不良和较低的身体质量指数也是潜在的危险因素。此外，哮喘和气道高反应性等其他呼吸系统疾病也可能会增加慢阻肺发生的可能性。在环境因素中，烟草、燃烧引起的烟雾、空气污染、职业性粉尘等能直接对人的呼吸道产生作用，无疑是慢阻肺潜在的致病因素。此外，生活质量、营养状况在一定程度上也会间接地影响慢阻肺的发病率。

气流受限、气体陷闭和气体交换异常是慢阻肺主要的病理生理改变。其中，气流受限和气体陷闭的主要表现就是第一秒用力呼气容积（Forced Expiratory Volume in 1s，FEV_1）与用力肺活量（Forced Vital Capacity，FVC）的比值（FEV_1/FVC）及 FEV_1 的降低。在临床表现上，慢阻肺患者主要表现出慢性咳嗽、咳痰、呼吸困难等症状。肺功能检查可以很好地检测气流受限情况，是国际上公认的诊断慢阻肺的金标准[2]。肺功能检查还可以用来进行慢阻肺严重程度的评估，在慢阻肺的持续监测、预后及治疗评估中也有重要的作用。在肺功能检查中，如果受试者在吸入支气管舒张剂后，测得的 FEV_1/FVC 小于 0.7，则可以判定其存在持续气流受限，诊断为患有慢阻肺。在临床上，一般可以使用如图 5-1 所示的流程进行慢阻肺的诊断[2]。当受试者被诊断为患有慢阻肺后，可以通过 FEV_1 占预计值的百分比评估病人的肺功能和病情严重程度，严重程度可使用 GOLD 分级表来评估，根据气流受限程度分为 1～4 级[2]，如表 5-1 所示。

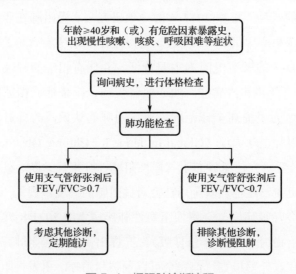

图 5-1　慢阻肺诊断流程

表 5-1　GOLD 分级表

分级	严重程度	肺功能相关指标*
GOLD 1 级	轻度	FEV_1 占预计值的百分比 ≥ 80%
GOLD 2 级	中度	50% ≤ FEV_1 占预计值的百分比 < 80%
GOLD 3 级	重度	30% ≤ FEV_1 占预计值的百分比 < 50%
GOLD 4 级	极重度	FEV_1 占预计值的百分比 < 30%

注：*基于使用支气管舒张剂后的 FEV_1。

2018 年，王辰院士团队在《柳叶刀》杂志上发表了一篇关于中国慢阻肺的患病率和危险因素的研究[3]，研究结果表明我国 20 岁以上人群慢阻肺患病率达 8.6%，40 岁以上人群更是达到 13.7%。据此估算，我国慢阻肺患者有 1 亿人左右，这对人们的生活造成了极大的疾病负担。然而，在研究中，只有约 2.6% 的慢阻肺患者知道自己患有慢阻肺，只有 9.7% 的受调查者曾经接受过肺功能检查。这在一定程度上反映了我国居民对慢阻肺的认知少，肺功能检查在国内的普及率低。该研究还显示，仅有 39.8% 的慢阻肺患者自述在日常生活中有典型的慢阻肺症状，如频繁咳嗽、咳痰、反复喘息或呼吸困难，这表明慢阻肺具有较强的隐匿性。慢阻肺的强隐匿性说明通过肺功能检查进行慢阻肺筛查和诊断很有必要，因此，普及肺功能检查是当前改善慢阻肺预防和诊治的重中之重。

如今，医院内用作肺功能检查的设备具有较强的专业性，价格昂贵且需要专门的医务人员操作。在进行肺功能检查的过程中，患者需要含住咬嘴并按医务人员的指示做呼气与吸气动作，这会给患者带来不适感，加大疾病传播的风险，并且难以应用于院外肺功能的长期监测，无法在基层普及。

目前，常用的便携式 COPD 筛查设备为电子便携式肺功能仪，有关轻负荷 COPD 筛查方法的研究主要基于声学传感器、视觉传感器和雷达传感器。

电子便携式肺功能仪在诊断 COPD 方面已被证明与传统肺功能仪具有可比的性能。这类肺功能仪通常是手持设备，无须进行复杂的操作[4]，适合院外使用。然而，这类设备高昂的价格及受试者首次使用时所需的校准工作对其普及形成了一定的限制。

Thap 等开发了一种基于智能手机内置麦克风的肺功能测试方法，通过高分辨率时频谱估计肺功能参数，提出了基于变频复解调方法的 FEV_1/FVC 估算方法，在 26 名受试者身上评估了所提方法与传统肺功能测试方法测得参数的一致性[5]。Larson 等介绍了一款利用内置麦克风进行肺功能检查的低成本手机应用程序 SpiroSmart，对 52 名受试者的评估显示，SpiroSmart 与传统肺功能仪相比，平均误差为 5.1%[6]。这类基于声学传感器的方法根据受试者呼气过程中气流流动的声音进行肺功能相关指标的估计，测量方式不够直接，会带来较大的误差，且易受环境噪声的影响，无法感应流动声音较小的慢速气流。

在视觉传感器中，深度相机曾被研究者用来测量肺功能指标。Takamoto 等使用飞行时间（Time of Flight, ToF）深度图像传感器建模胸部的三维运动，并进行多元线性回归分析，以根据 ToF 推导的 FVC 及体型数据估算实际的 FVC[7]。由于视觉传感器发出的光学信号穿透衣物的能力较差，因此基于视觉传感器的方法要求受试者穿紧身衣物或不穿衣物，否则无法准确感知胸部运动。此外，视觉传感器对环境光敏感，在光线较差的条件下其性能可能会受到严重影响。

雷达作为一种传感器已被广泛用于生命体征（包括呼吸、心跳等）监测[8-14]。与传统的医疗仪器相比，雷达具有成本低、体积小、非接触监测等优点。毫米波雷达可以准确地捕捉毫米级的微小运动，如与人呼吸气体量有关的胸部运动。目前，较多的研究将雷达用于呼吸频率和心率的估计[9-10]。在提取呼吸信号的基础上，也有研究进一步探索独特的呼吸特征，用来识别人的身份[8]。还有不少研究基于生命体征监测实现了人体目标追踪[11]、睡眠姿势转换[13]等。此外，疾病的产生与发展在呼吸、心跳等生命体征上也有一定的反映。有研究表明，在诊断阻塞性睡眠呼吸暂停时，雷达可以达到与多导睡眠监测几乎一致[12]的准确率。Dong 等提出的非接触筛查系统可以自动筛查潜在的新型冠状病毒（COVID-19）患者[14]。上述研究表明，雷达在生命体征监测和疾病诊断上具有很大的潜力。

基于雷达传感器的 COPD 监测研究目前并不多见。Tseng 等开发了一种雷达系统，使用自己设计的脉冲雷达芯片提取人类呼吸特征，并进行 FEV_1/FVC 测量，但效果仍有较大的提升空间[15]。Adhikari 等提出了 mmFlow，使用毫米波雷达分析气流在设备表面产生的微小振动，结合无线信号处理和深度学习，实现了纯软件的肺功能检查解决方案，但并未与医院内的金标准结果进行对比[16]。

本章提出了一种基于 60GHz 的 FMCW 雷达系统的非接触式肺功能检查方法 [17]，用于慢阻肺的初步筛查。首先，利用胸部位移与呼出气体体积的相关性，基于最大一秒胸部位移来测量 FEV_1/FVC 指标。然后，考虑到个体差异，通过融合生理信息拟合 FEV_1 和 FVC 的绝对值。在所提方法的基础上，通过开展院内实验，验证了雷达测量结果与金标准结果的一致性，证明了雷达用于 COPD 筛查的可行性。

5.1　实验场景与数据采集

本实验使用的数据均来自 2022 年 2—3 月在北京清华长庚医院进行的临床试验，该试验开展前通过了北京清华长庚医院伦理委员会的审批（审批编号为 23010-4-02）。所有受试者均获得了本实验的详细信息，并知情同意。在本实验中，对同一受试者使用肺功能仪和雷达进行同步监测，实验数据采集场景如图 5-2 所示。

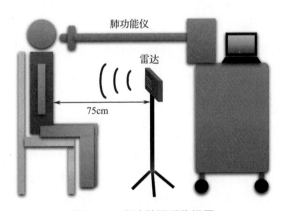

图 5-2　实验数据采集场景

本实验使用德国耶格公司的 Masterscreen 肺功能检查系统［见图 5-3（a）］对受试者进行肺功能检查，并采用 60GHz 的 FMCW 雷达系统［见图 5-3（b）］进行同步监测。该雷达系统基于 Infineon-BGT60TR13C 设计，载波频率 $f_0 = 60GHz$，带宽 $B = 3GHz$，相应的距离分辨率为 5cm，扫频重复频率 $f_{CRF} = 500Hz$，径向运动的最大无模糊速度为 $\pm 62.5cm/s$，数据采集仅使用了雷达的一个接收单元和一个发射单元。在肺功能检查开始之前，需要对肺功能仪进行校准操作，环境应当满足宽敞、明亮、通风良好、温度和湿度相对稳定的条件。受试者需要用鼻夹夹住鼻子，在肺功能检查过程中按照医务人员的指示进行呼气和吸气操作。雷达被放置在受试者前面约75cm处，尽量与受试者的胸部等高。

（a）Masterscreen肺功能检查系统

（b）60GHz的FMCW雷达系统

图 5-3　数据采集所用设备图

在传统肺功能检查中包含用于评估肺部功能的多种测试，其中与 FEV_1、FVC 和 FEV_1/FVC 测量有关的测试过程如下。受试者正常呼吸，在医务人员的指示下深吸气，吸足后以最快的速度、最大的力气深呼气，呼尽后再以最快的速度、最大的力气吸气并吸足，最后正常呼吸。上述过程可称为一次肺量计检查，总结成 5 部分：正常呼吸、深吸气吸足、用力呼气呼尽、用力吸气吸足和正常呼吸。受试者接受肺功能检查时，使用毫米波雷达同步采集其在肺量计检查过程中的回波数据。肺功能仪测得的标准值及受试者的身高、体重、性别等数据也会被记录下来。

本实验采集了来自 35 名受试者（15 名女性和 20 名男性）的 88 个肺量计检查片段，其中 14 个片段来自慢阻肺患者。受试者基本信息如表 5-2 所示。图 5-4 为所采集片段对应的肺功能仪测得的 FEV_1/FVC 标准值和 FEV_1 标准值的分布直方图，图中数据表明本实验所用的数据分布比较广泛。

表 5-2　受试者基本信息

类别	健康受试者（$n=30$）	患病受试者（$n=5$）	总计（$n=35$）
性别/（男/女）	16/14	4/1	20/15
身高*/cm	167.0 ± 7.6	168.6 ± 9.3	167.2 ± 7.8

续表

类别	健康受试者（*n*=30）	患病受试者（*n*=5）	总计（*n*=35）
体重 */kg	67.4 ± 12.3	72.2 ± 13.4	68.1 ± 12.4
BMI*/（kg/m^2）	24.0 ± 3.6	26.5 ± 4.3	24.3 ± 3.8
FEV_1*/L	3.1 ± 0.7	2.0 ± 0.6	2.9 ± 0.8
FVC*/L	3.8 ± 0.9	3.4 ± 0.5	3.7 ± 0.9
FEV_1/FVC*/%	81.7 ± 6.3	58.0 ± 11.3	77.9 ± 11.3

注：* 数据以均值 ± 标准差的形式呈现。

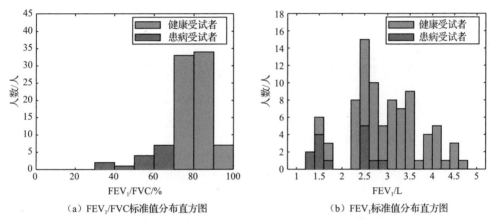

（a）FEV_1/FVC 标准值分布直方图　　　（b）FEV_1标准值分布直方图

图 5-4　FEV_1/FVC 标准值和 FEV_1 标准值分布直方图

5.2　数据预处理

本实验使用的 FMCW 雷达发射类似 1.5.3 节中的快速 chirp 信号，如图 5-5 所示。发射信号的每个 chirp 信号频率呈线性增加，斜率为 γ，持续时间为 T，雷达接收延时为 τ。在接收端，从物体反射的回波信号将与发射信号混频，得到差频信号。差频信号中包含感兴趣的信息，该信息将用于后续处理。算法的整体流程如图 5-6 所示。

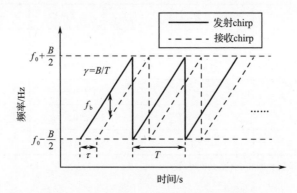

图 5-5　FMCW 雷达发射信号示意

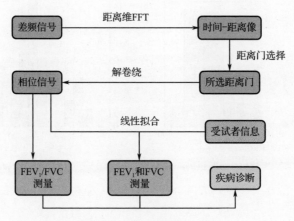

图 5-6　算法的整体流程

发射信号中的每个 chirp 可以写成

$$s_{\mathrm{T}}(t) = \exp(\mathrm{j}(2\pi f_0 t + \pi \gamma t^2)), -\frac{T}{2} < t < \frac{T}{2} \tag{5-1}$$

假设雷达与受试者之间的距离为 R_0，令 $x(t)$ 代表人体胸部的位移，则发射信号经受试者反射被雷达接收的延时 $\tau = 2(R_0 + x(t))/c = \tau_0 + 2x(t)/c$。因此，参照式（1-68）和式（1-75），差频信号可以写成

$$s(t) = s_R(t)s_T^*(t)$$

$$= \alpha \exp\left(j2\pi\left(f_0(t-\tau) + \frac{1}{2}\gamma(t-\tau)^2\right)\right)\exp\left(-j2\pi\left(f_0 t + \frac{1}{2}\gamma t^2\right)\right)$$

$$= \alpha \exp\left(j2\pi\left(-f_0\tau - \gamma t\tau + \frac{1}{2}\gamma\tau^2\right)\right) \tag{5-2}$$

$$\approx \alpha \exp\left(j2\pi\left(-2f_0\frac{R_0 + x(t)}{c} - 2\gamma t\frac{R_0}{c} + \frac{1}{2}\gamma\left(\frac{2R_0}{c}\right)^2\right)\right)$$

$$\approx \alpha' \exp\left(-j2\pi\left(\frac{2B}{cT}R_0 t + 2\frac{x(t)}{\lambda}\right)\right), \tau_0 - \frac{T}{2} < t < \frac{T}{2}$$

式中，α 为散射系数；$\alpha' = \alpha \exp\left(-j4\pi\left(\dfrac{R_0}{\lambda} - \gamma\left(\dfrac{R_0}{c}\right)^2\right)\right)$；$\lambda = c/f_0$ 为对应于载波频率 f_0 的波长；c 为光速。由式（5-2）可知，差频信号的频率与雷达到人体胸部的距离成正比，其相位包含受试者胸部运动的信息。因此，对雷达接收到的差频信号进行处理，可以提取受试者在肺功能检查过程中的胸部运动信息。

由于单个 chirp 的持续时间 T 很短，在一个 chirp 内人体的胸部位置几乎不变，所以差频信号可进一步写为

$$s_m(t) \approx \alpha' \exp\left(-j2\pi\left(\frac{2B}{cT}R_0 t + 2\frac{x[m]}{\lambda}\right)\right) \tag{5-3}$$

式中，$x[m]$ 表示第 m 个 chirp 内人体胸部的位移。对每个 chirp 的信号进行傅里叶变换，得

$$y_m(R) = \int_{-\infty}^{+\infty} s_m(t)\exp\left(j\frac{4\pi B}{cT}Rt\right)dt$$

$$\approx \alpha'\text{sinc}\left(\frac{2B}{c}(R-R_0)\right)\exp\left(-j4\pi\frac{x[m]}{\lambda}\right) \tag{5-4}$$

将式（5.4）中的距离 R 量化为 L 个距离单元 $r_l = \dfrac{lc}{2B}(l = 0,1,\cdots,L-1)$，$L$ 为实际处理中每个 chirp 的采样点数，得到类似式（1-78）中的时间 - 距离像为

$$y[l,m] = y_m(r_l) \approx \alpha'\text{sinc}\left(\frac{2B}{c}(r_l - R_0)\right)\exp\left(-j4\pi\frac{x[m]}{\lambda}\right) \tag{5-5}$$

接着对一次肺量计检查时间范围内的时间–距离像进行静止杂波去除，得到

$$y'[l,m] = y[l,m] - \frac{1}{M}\sum_{n=0}^{M-1} y[l,n] \tag{5-6}$$

式中，M 为一次肺量计检查时间范围内包含的 chirp 数量。使用去除静止杂波后的时间–距离像可以搜索人体胸部所在的距离门。一般情况下，时间–距离像中能量最强的距离门反映了目标的位置，但是在一次肺量计检查过程中，受试者需要经历深吸气吸足、用力呼气呼尽、用力吸气吸足的过程，其中与慢阻肺诊断最相关的为用力呼气的最初 $1 \sim 2s$，这段时间内胸部与雷达之间的距离在整个肺量计检查中较近，但胸部位移最迅速，需要进行较为精准的监测。当呼气即将呼尽时，受试者仍努力呼气，此时胸部与雷达之间的距离在整个肺量计检查中较远，胸部位移变化小，对监测的精准程度要求低，但这个过程持续时间较长。因此，直接选择能量最强的距离门更接近肺量计检查中胸部与雷达之间距离较远时的位置，而该距离门中包含的用力呼气最初 $1 \sim 2s$ 的胸部位移信号可能来自相邻距离门信号能量的泄露，不能精准地反映快速变化的胸部位移。因此，这里选择一次肺量计检查时间范围内时间–距离像中能量最强的距离门的前一个距离门作为最终处理的距离门，即待处理的距离门编号，表达式为

$$l_{\mathrm{p}} = \left(\arg\max_l \sum_{n=0}^{M-1} |y'[l,n]|\right) - 1 \tag{5-7}$$

对选中的距离门继续进行慢时间维处理，提取所选中距离门上复信号的相位，得到包含受试者胸部位移信息的原始相位信号，表达式为

$$\varphi[m] = \arg(y[l_{\mathrm{p}},m]) \tag{5-8}$$

式中，$\arg(\cdot)$ 表示求复数的幅角主值；$\varphi[m]$ 的采样率为雷达的扫频重复频率 f_{CRF}。对原始相位信号 $\varphi[m]$ 进行解卷绕操作，得到反映受试者进行肺功能检查时胸部位移的相位信号 $\phi[m]$，如图 5-7 所示。相位解卷绕算法的具体步骤如算法 5-1 所示。

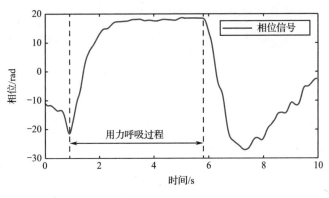

图 5-7　胸部位移相位信号

算法 5-1：相位解卷绕算法

输入：原始相位信号 $\varphi[m], m = 0,1,\cdots,M-1$

输出：解卷绕后的相位信号 $\phi[m]$

第 1 步：初始化 $\phi[0] = \varphi[0]$，$k=1$

第 2 步：计算相位残差 $\Delta\varphi = \varphi[k] - \phi[k-1]$

第 3 步：计算缠绕次数 $r_k = \left\lfloor \left(\lfloor |\Delta\varphi| / \pi \rfloor + 1 \right)/2 \right\rfloor$，其中，$|\cdot|$ 表示取绝对值，$\lfloor \cdot \rfloor$ 表示向下取整

第 4 步：进行相位信号解卷绕 $\phi[k] = \varphi[k] - 2\pi r_k \mathrm{sgn}(\Delta\varphi)$，其中，$\mathrm{sgn}(x) = \begin{cases} -1, & x < 0 \\ 0, & x = 0 \\ 1, & x > 0 \end{cases}$

为符号函数

第 5 步：若 $k = M-1$，算法结束；否则，$k = k+1$，返回第 2 步

5.3 基于最大一秒胸部位移的 FEV$_1$/FVC 测量

医学中 FEV$_1$/FVC 的定义为受试者第一秒呼出气体体积与呼出气体总体积的比值。其中，第一秒呼出气体体积体现的是受试者在用力呼气过程中第 1s 内所能呼出的最大气体体积。基于此定义，现有研究中常见的 FEV$_1$/FVC 测量方法是用第一秒胸部位移量与位移总量的比值来近似 FEV$_1$/FVC。然而，根据

呼吸机理，在实际呼气过程中，人体胸部的移动与气流的变化并不完全同步。因此，本节提出了基于最大一秒胸部位移的方法进行 FEV_1/FVC 测量，后续实验结果表明，该方法比现有的常见方法效果更好。

为了得到肺功能检查中的重要指标 FEV_1/FVC，需要在 5.2 节经过数据预处理得到的胸部位移相位信号的基础上进行进一步处理。

5.3.1 关键点提取

对于 $\phi[m]$ 前 4s 中所有的极小值 $\phi[q_i]$，找到其后最邻近的极大值 $\phi[p_i]$，计算两点之间的信号幅度差，即

$$\Delta h_i = \phi[p_i] - \phi[q_i], i = 1, 2, \cdots, N_s \tag{5-9}$$

式中，N_s 为极小值点的数目。选择使幅度差最大的索引 i 对应的极小值点作为用力呼气的起始点 q_{start}，即

$$q_{start} = q_n, n = \arg\max_i \Delta h_i, i = 1, 2, \cdots, N_s \tag{5-10}$$

为了确定呼气结束点 q_{end}，从位于 $\phi[q_{start}]$ 2 秒后的 $\phi[q_0](q_0 = q_{start} + 2f_{CRF})$ 处开始搜索，计算下降比 d_p 和下降系数 d_c，具体公式为

$$d_p = \frac{\sum_{i=q_0}^{q_0 + T_d f_{CRF} - 1} \mathbf{1}_{(\phi[i+1] - \phi[i] < 0)}}{T_d f_{CRF}} \tag{5-11}$$

$$d_c = \frac{\phi[q_0 + T_d f_{CRF}] - \phi[q_{start}]}{\max\{\phi[n] : q_{start} \leqslant n \leqslant q_0 + T_d f_{CRF}\} - \phi[q_{start}]} \tag{5-12}$$

$$\mathbf{1}_{(x)} = \begin{cases} 1, & x\text{为真} \\ 0, & x\text{为假} \end{cases} \tag{5-13}$$

式中，T_d 为用于计算下降比的时间长度，本节中根据经验取 $T_d = 0.6s$。如果 $d_p > 0.98$，$d_c < 0.8$，则认为找到了呼气结束点 q_{end}；否则，应令 $q_0 = q_0 + 1$，继续搜索，直到找到呼气结束点 q_{end}。找到呼气起始点和呼气结束点后，选取 q_{start} 和 q_{end} 之间相位最大值对应的位置为 q_{max}。q_{start}、q_{max} 和 q_{end} 的位置如图 5-8 所示。图中，"第一秒"表示第一秒胸部位移量对应的相位变化；"最大一秒"表示最大一秒胸部位移对应的相位变化；"总共"表示呼吸过程中胸部位移总量对应的相位变化。

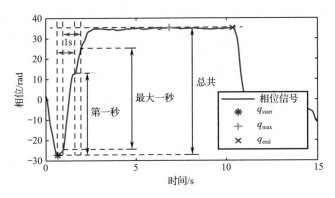

图 5-8　带关键点标记的相位信号

5.3.2　抖动检测与修正

根据观察，一些受试者的信号在强烈吸气的时刻会显示出一个尖峰，这可能是由强烈吸气时胸部突然震动造成的。因此，本节对最初选定的 q_{max} 周围 1s 内的信号进行了中值滤波，然后通过重新选择 q_{start} 和 q_{end} 之间的相位最大值更新 q_{max}。中值滤波前后的相位信号如图 5-9 所示。在实际中还可以观察到一些受试者肺量计检查中的胸部位移相位信号在呼气过程中下降，这可能是由不自主的身体抖动引起的。微弱的抖动对测量的影响不大，可以忽略不计。但严重的抖动会导致 FEV_1/FVC 和 FEV_1 的测量出现较大误差，需要予以修正。因此，使用以下操作来检测和纠正严重的抖动。

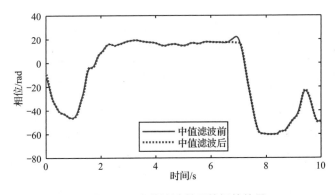

图 5-9　中值滤波前后的相位信号

对于 $\phi[m]$ 在 q_{start} 和 q_{end} 之间的每个极大值 $\phi[a_i](i=1,2,\cdots,N_t)$，都可以找

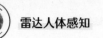

到下一个最邻近的极小值 $\phi[b_i]$，并计算这两点之间的信号幅度差，即抖动幅度。

$$\Delta J_i = \phi[a_i] - \phi[b_i], i = 1, 2, \cdots, N_t \tag{5-14}$$

式中，N_t 为极大值点的数目。幅度大于 π 的抖动将以如下方式修正。

$$\phi'[x] = \begin{cases} \phi[a_n], a_n \leq x \leq b_n \\ \phi[x] + \Delta J_n, b_n < x \leq M-1 \end{cases}, n \in \{\alpha | \Delta J_\alpha > \pi\} \tag{5-15}$$

抖动修正前后的相位信号如图 5-10 所示。

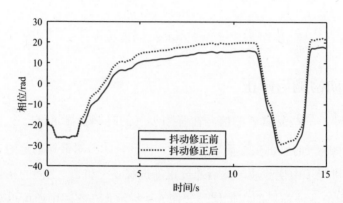

图 5-10　抖动修正前后的相位信号

5.3.3　关键指标计算

使用 5.3.2 节所提方法得到抖动检测与修正后的胸部位移相位信号 $\phi'[m]$，再进行一次关键点提取，更新关键点 q_{start}、q_{max} 和 q_{end}，并计算 FEV_1 和 FVC 的相对值，进而计算肺功能关键指标。FEV_1 的相对值为 FEV_1 对应的胸部位移在相位信号上的幅度差，即最大一秒胸部位移引起的相位信号幅度差；FVC 的相对值为 FVC 对应的胸部位移在相位信号上的幅度差，即用力呼气过程中位移总量引起的相位信号幅度差。

首先计算 FVC 的相对值，即

$$FVC_{REL} = \phi'[q_{max}] - \phi'[q_{start}] \tag{5-16}$$

接着计算 q_{start} 后1s内的各点与它们1s后的对应点之间的幅度差，即

$$\Delta_k = \phi'[q_{start} + k + f_{CRF}] - \phi'[q_{start} + k], k = 0, 1, \cdots, f_{CRF} - 1 \tag{5-17}$$

选择最大的一秒幅度差作为 FEV_1 的相对值，相应的起始点 m_{start} 是最大一

秒胸部位移的起始点，即

$$\begin{cases} a = \arg\max_k \Delta_k, k = 0,1,\cdots,f_{CRF}-1 \\ m_{start} = q_{start} + a \\ FEV_{1REL} = \Delta_a \end{cases} \quad (5\text{-}18)$$

最后通过 FEV_1 相对值和 FVC 相对值的比值得到雷达测量的 FEV_1/FVC，即

$$(FEV_1/FVC)_{radar} = FEV_{1REL}/FVC_{REL} \quad (5\text{-}19)$$

基于最大一秒胸部位移的 FEV_1/FVC测量算法的具体步骤如算法 5-2 所示。

算法 5-2：基于最大一秒胸部位移的 FEV_1 / FVC测量算法

输入：预处理后的相位信号 $\phi[m]$

输出：基于雷达的 FEV_1/FVC测量值 $(FEV_1/FVC)_{radar}$

第 1 步：$[q_{start}, q_{max}, q_{end}] = \text{posfind}(\phi[m])$，其中，$\text{posfind}(\cdot)$ 对应 5.3.1 节介绍的一系列关键点提取操作

第 2 步：$\phi'[m] = \text{detect}(\phi[m])$，其中，$\text{detect}(\cdot)$ 对应 5.3.2 节介绍的一系列抖动检测与修正操作，对 $\phi'[m]$ 再次进行关键点提取，更新关键点 q_{start}、q_{max} 和 q_{end}

第 3 步：按式（5.16）～式（5.18）计算 FEV_{1REL} 和 FVC_{REL}

第 4 步：按式（5.19）计算基于雷达的 FEV_1/FVC 测量值 $(FEV_1/FVC)_{radar}$

5.4 融合生理信息的 FEV_1 绝对值和 FVC 绝对值拟合方法

考虑到不同受试者的体型各不相同，因此仅根据前文所述的 FEV_1 相对值和 FVC 相对值无法可靠地估计它们的绝对值（实际呼出气体的体积）。一般地，身体质量指数（Body Mass Index，BMI）更高的人拥有更庞大的体格与胸腔容积，在相同的胸部位移下，其呼气量可能更大。文献 [7] 结合 BMI 进行了 FEV_1 绝对值和 FVC 绝对值的拟合。此外，通过数据分析还能发现 FEV_1 绝对值和 FVC 绝对值与其他生理特征具有一定的相关性，如图 5-11 所示。因此，

本节提出一个线性拟合公式来估计 FEV_1 和 FVC 指标，该公式综合考虑了用力呼气过程中的 FEV_1 相对值和 FVC 相对值，以及受试者的身高、体重、BMI 和性别。

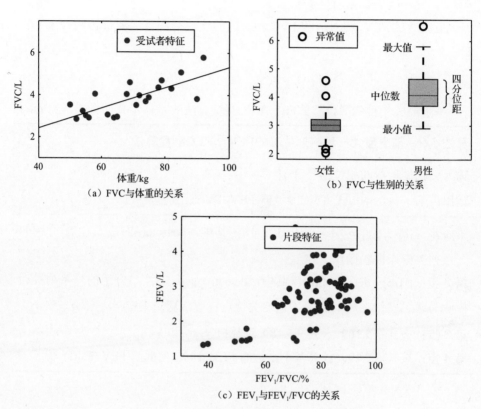

（a）FVC与体重的关系　　　　（b）FVC与性别的关系

（c）FEV_1 与 FEV_1/FVC的关系

图 5-11　肺功能关键指标与生理特征的关系

本节所提雷达 FEV_1 绝对值和 FVC 绝对值的线性拟合公式为

$$FEV_{1\,radar} = \boldsymbol{c}_{FEV_1}^{T} \cdot \begin{bmatrix} (FEV_1/FVC)_{radar} \\ FEV_{1\,REL} \\ Height \\ Weight \\ BMI \\ Sex \end{bmatrix} \qquad (5\text{-}20)$$

$$FVC_{radar} = \boldsymbol{c}_{FVC}^{T} \cdot \begin{bmatrix} (FEV_1/FVC)_{radar} \\ FVC_{REL} \\ Height \\ Weight \\ BMI \\ Sex \end{bmatrix} \tag{5-21}$$

式 中，$\boldsymbol{c}_{FEV_1} = [c_{FEV_1}^0, c_{FEV_1}^1, c_{FEV_1}^2, c_{FEV_1}^3, c_{FEV_1}^4, c_{FEV_1}^5]^T$ 和 $\boldsymbol{c}_{FVC} = [c_{FVC}^0, c_{FVC}^1, c_{FVC}^2, c_{FVC}^3, c_{FVC}^4,$ $c_{FVC}^5]^T$ 为待确定的拟合系数；Height、Weight 和 Sex 分别为受试者的身高、体重、性别（男性的对应值为 1，女性的对应值为 0）。拟合系数 $\boldsymbol{c}_{FEV_1}$ 和 $\boldsymbol{c}_{FVC}$ 在训练集上由最小二乘估计得到。

5.5　实验结果

本节通过组内相关系数（Intraclass Correlation Coefficient，ICC）、平均绝对误差（Mean Absolute Error，MAE）和均方根误差（Root Mean Square Error，RMSE）比较雷达测量结果与肺功能仪金标准结果的一致性，其中 ICC 用于评定不同测量方法对同一对象测量结果的一致性[18]，其计算方式为

$$ICC = \frac{MS_R - MS_E}{MS_R + (k-1)MS_E + k(MS_C - MS_E)/n} \tag{5-22}$$

$$MS_R = \frac{k \sum_{i=1}^{n} [C_{ave}^i - \overline{C}]^2}{n-1} \tag{5-23}$$

$$MS_E = \frac{\sum_{m \in \{'true','pred'\}} \sum_{i=1}^{n} (C_m^i - C_{ave}^i)^2 - k \sum_{m \in \{'true','pred'\}} \left[\sum_{i=1}^{n} C_m^i - \overline{C} \right]^2}{(k-1)(n-1)} \tag{5-24}$$

$$MS_C = \frac{k \sum_{m \in \{'true','pred'\}} \left[\sum_{i=1}^{n} C_m^i - \overline{C} \right]^2}{k-1} \tag{5-25}$$

$$\begin{cases} \overline{C} = \dfrac{1}{2n} \sum_{i=1}^{n} (C_{true}^i + C_{pred}^i), \\ C_{ave}^i = \dfrac{C_{pred}^i + C_{true}^i}{2} \end{cases} \tag{5-26}$$

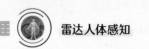

式中，n 为用于统计的样本数量；$k = 2$ 为测量方式的数量；C_{true} 为肺功能仪测量值；C_{pred} 为雷达测量值；$C \in \{\,'\text{FEV}_1/\text{FVC}', '\text{FEV}_1', '\text{FVC}'\,\}$ 为待评价的对象。

通过雷达对患者和健康人分类的灵敏度（Sensitivity）、特异度（Specificity）、准确率（Accuracy）验证雷达在慢阻肺筛查中的可行性，三者的定义分别为

$$\text{Sensitivity} = \frac{\text{TP}}{\text{TP+FN}} \tag{5-27}$$

$$\text{Specificity} = \frac{\text{TN}}{\text{TN+FP}} \tag{5-28}$$

$$\text{Accuracy} = \frac{\text{TP+TN}}{\text{TP+FP+TN+FN}} \tag{5-29}$$

式中，TP 为被预测为患病的患病受试者；TN 为被预测为健康的健康受试者；FP 为被预测为患病的健康受试者；FN 为被预测健康的患病受试者。对于 FEV_1 绝对值和 FVC 绝对值的拟合，采用留 P 法进行交叉验证。为了使本实验更有说服力，在实验过程中确保同一受试者的片段不会同时出现在训练集和测试集中。在本实验中，训练集和测试集中的受试者数量之比约为 3∶1。由于人为放置了雷达，非同一天收集的数据之间可能存在系统误差，所以实验中尽量选择不同天收集的数据作为验证数据，即在同一天收集的数据必须有作为训练数据的，也有作为测试数据的。另外，在划分训练集和测试集时，还充分考虑了数据的分布情况。本节还将所提方法与文献 [7] 中的拟合方法进行了比较，以验证本节所提方法的优势。

5.5.1　关键指标测量性能

图 5-12（a）展示了用雷达测量的 FEV_1/FVC $\left[(\text{FEV}_1/\text{FVC})_{pred}\right]$ 和肺功能仪金标准结果 $\left[(\text{FEV}_1/\text{FVC})_{true}\right]$ 的对比。从图中可以看到，雷达测量结果与肺功能仪金标准结果有很高的一致性（ICC=0.8142）。

Bland-Altman 分析是医学领域常用的评价方式，用以反映两种测量方法的系统误差和随机误差[19]。图 5-12（b）为雷达测量结果和肺功能仪金标准结果对比的 Bland-Altman 分析图，图中横轴为雷达和肺功能仪所得 FEV_1/FVC 的均值，纵轴为两者的差值，3 条横虚线分别表示平均误差（Mean）和平均误差 ±1.96 标准差（Mean±1.96SD）范围，正态分布中距平均值小于 1.96

个标准差的百分比为 95%，因此平均误差 ±1.96 标准差表示两种测量方法差值的 95% 一致性界限。这里两者的平均误差为 +1.92%，95% 一致性界限为 -13.0% ～ 16.8%。两种测量方法几乎没有系统误差。

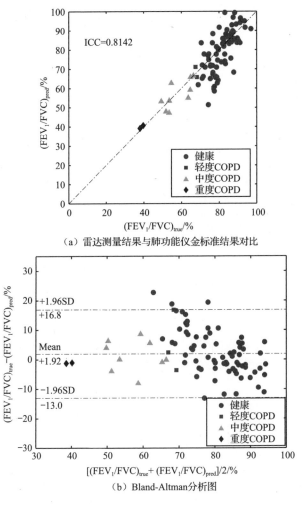

（a）雷达测量结果与肺功能仪金标准结果对比

（b）Bland-Altman 分析图

图 5-12　FEV$_1$/FVC 测量结果

另外，本章所提方法使用最大一秒胸部位移来表示 FEV$_1$ 相对值（FEV$_{1REL}$），为了验证其有效性，本实验还测试了使用第一秒胸部位移表示 FEV$_{1REL}$ 时 FEV$_1$/FVC 的测量结果，结果显示基于最大一秒胸部位移的方法比直接使用第一秒胸部位移的方法性能更优，详细结果如表 5-3 所示，其中最优结果以加粗字体显示。

表5-3　FEV₁/FVC 测量结果

指标	方法*	ICC	MAE	RMSE
FEV₁/FVC	最大一秒	**0.8142**	**5.9514**	**7.8264**
	第一秒	0.7660	6.4180	9.3120

注：*"最大一秒"表示使用最大一秒胸部位移表示 FEV₁ 相对值，"第一秒"则表示使用第一秒胸部位移表示 FEV₁ 相对值。

在 FEV₁ 绝对值和 FVC 绝对值的拟合中，为了增强结果的说服力，交叉验证重复了大约 10000 次，拟合结果如表 5-4 所示，其中最优结果以加粗字体显示。图 5-13 展示了其中一次交叉验证下 FEV₁ 绝对值和 FVC 绝对值的拟合结果。实验结果表明，本章所提方法优于文献 [7] 中的拟合方法。在测试集上，雷达和肺功能仪金标准测得的 FEV₁ 与 FVC 的平均 ICC 都大于 0.75，一致性较好，证明了雷达在慢阻肺筛查中的可行性。

表5-4　FEV₁ 绝对值和 FVC 绝对值拟合结果

指标	方法	ICC		MAE/L		RMSE/L	
		训练集	测试集	训练集	测试集	训练集	测试集
FEV₁	文献 [7] 所提方法	0.6703	0.6539	0.4390	0.5084	0.5349	0.6440
	本章所提方法	**0.7915**	**0.7597**	**0.3638**	**0.4449**	**0.4485**	**0.5629**
FVC	文献 [7] 所提方法	0.7581	0.7359	0.4051	0.4725	0.5222	0.6275
	本章所提方法	**0.8278**	**0.7832**	**0.3538**	**0.4651**	**0.4568**	**0.5994**

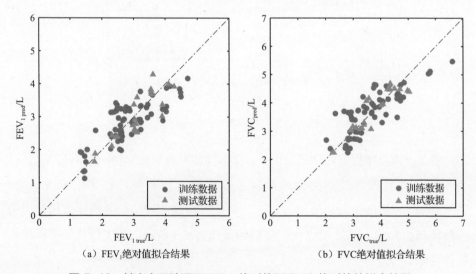

（a）FEV₁ 绝对值拟合结果　　　（b）FVC 绝对值拟合结果

图 5-13　某次交叉验证下 FEV₁ 绝对值和 FVC 绝对值的拟合结果

5.5.2　诊断性能

基于 FEV_1、FVC 和 FEV_1/FVC 等指标，肺功能检查可以用于慢阻肺和其他慢性呼吸道疾病的诊断及严重程度判定。其中，FVC 和 FEV_1/FVC 指标主要用于慢阻肺的诊断，而 FEV_1 在疾病严重程度判定方面起着更重要的作用。一般地，FEV_1/FVC<70% 的受试者将被认为患有慢阻肺。

图 5-14（a）显示了雷达慢阻肺诊断的接收者操作特征（Receiver Operating Characteristic，ROC）曲线。由图可见，本章所提方法具有较好的诊断性能，ROC 曲线下面积（Area Under Curve，AUC）为 0.9445。将慢阻肺的诊断阈值设定为 FEV_1/FVC=70%，本章所提方法在慢阻肺诊断上的灵敏度、特异度和准确率分别可达 92.86%、79.73%、81.82%，图 5-14（b）展示了该阈值下雷达区分健康人和患者的混淆矩阵。

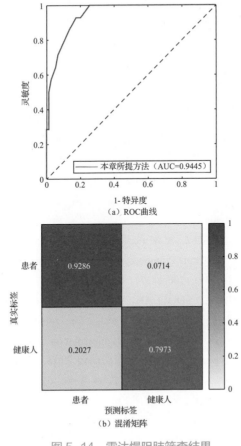

图 5-14　雷达慢阻肺筛查结果

本章小结

慢阻肺是全球最普遍的慢性呼吸系统疾病之一。然而，当前由于诊断金标准肺功能仪监测成本高，因此肺功能检查在院外尤其是基层难以普及。雷达具有非接触测量肺功能关键指标的潜力，本章针对雷达慢阻肺筛查问题，通过实测数据验证了所提方法[17]的有效性，并得到以下结论。

（1）毫米波雷达在测量肺功能关键指标上能与传统肺功能仪保持较高的一致性。

（2）基于最大一秒胸部位移的 FEV_1/FVC 测量方法降低了因胸部位移与气流变化不同步带来的测量误差，提升了 FEV_1/FVC 的测量性能。

（3）融合雷达监测的胸部位移和受试者的生理信息（如身高、体重、性别等），可以较好地拟合 FEV_1 和 FVC 的绝对值。

参考文献

[1] LABAKI W W, HAN M L K. Chronic respiratory diseases: a global view[J]. The Lancet Respiratory Medicine, 2020, 8(6): 531-533.

[2] 中华医学会呼吸病学分会慢性阻塞性肺疾病学组，中国医师协会呼吸医师分会慢性阻塞性肺疾病工作委员会. 慢性阻塞性肺疾病诊治指南（2021 年修订版）[J]. 中华结核和呼吸杂志，2021, 44(3): 170-205.

[3] WANG C, XU J, YANG L, et al. Prevalence and risk factors of chronic obstructive pulmonary disease in China (the China Pulmonary Health [CPH] study): a national cross-sectional study [J]. Lancet. 2018, 391(10131):1706-1717.

[4] KOURI A, GUPTA S, YADOLLAHI A, et al. Addressing reduced laboratory-based pulmonary function testing during a pandemic[J]. Chest, 2020, 158(6): 2502-2510.

[5] THAP T, CHUNG H, JEONG C, et al. High-resolution time-frequency spectrum-based lung function test from a smartphone microphone[J]. Sensors, 2016, 16(8): 1305.

[6] LARSON E C, GOEL M, BORIELLO G, et al. SpiroSmart: using a microphone to measure lung function on a mobile phone[C]//Proceedings of the 2012 ACM Conference on ubiquitous computing. New York, NY: ACM, 2012: 280-289.

[7] TAKAMOTO H, NISHINE H, SATO S, et al. Development and clinical application of a novel non-contact early airflow limitation screening system using an infrared time-of-flight depth image sensor[J]. Frontiers in Physiology, 2020(11): 552942.

[8] RAHMAN A, LUBECKE V M, BORIC-LUBECKE O, et al. Doppler radar techniques for accurate respiration characterization and subject identification[J]. IEEE Journal on Emerging and Selected Topics in Circuits and Systems, 2018, 8(2): 350-359.

[9] TU J, HWANG T, LIN J. Respiration rate measurement under 1-D body motion using single continuous-wave Doppler radar vital sign detection system[J]. IEEE Transactions on Microwave Theory and Techniques, 2016, 64(6): 1937-1946.

[10] ARSALAN M, SANTRA A, WILL C. Improved contactless heartbeat estimation in FMCW radar via Kalman filter tracking[J]. IEEE Sensors Letters, 2020, 4(5): 1-4.

[11] MERCURI M, LORATO I R, LIU Y H, et al. Vital-sign monitoring and spatial tracking of multiple people using a contactless radar-based sensor[J]. Nature Electronics, 2019, 2(6): 252-262.

[12] KANG S, KIM D K, LEE Y, et al. Non-contact diagnosis of obstructive sleep apnea using impulse-radio ultra-wideband radar [J]. Scientific Reports, 2020, 10(1): 5261.

[13] PIRIYAJITAKONKIJ M, WARIN P, LAKHAN P, et al. SleepPoseNet: multi-view learning for sleep postural transition recognition using UWB[J]. IEEE Journal of Biomedical and Health Informatics, 2020, 25(4): 1305-1314.

[14] DONG C, QIAO Y, SHANG C, et al. Non-contact screening system based for COVID-19 on XGBoost and logistic regression[J]. Computers in Biology and Medicine, 2022(141): 105003.

[15] TSENG S T, KAO Y H, PENG C C, et al. A 65-nm CMOS low-power impulse radar system for human respiratory feature extraction and diagnosis on respiratory diseases[J]. IEEE Transactions on Microwave Theory and Techniques, 2016, 64(4): 1029-1041.

[16] ADHIKARI A, HETHERINGTON A, SUR S. mmFlow: facilitating at-home spirometry with 5G smart devices[C]//2021 18th Annual IEEE International Conference on Sensing, Communication, and Networking (SECON). Piscataway, NJ: IEEE, 2021: 1-9.

[17] WANG W, WAN Y, LI C, et al. Millimetre-wave radar-based spirometry for the preliminary diagnosis of chronic obstructive pulmonary disease[J]. IET Radar, Sonar & Navigation, 2023, 17(12): 1874-1885.

[18] KOO T K, LI M Y. A guideline of selecting and reporting intraclass correlation coefficients for reliability research [J]. Journal of Chiropractic Medicine, 2016, 15(2): 155-163.

[19] GIAVARINA D. Understanding Bland-Altman analysis [J]. Biochemia Medica, 2015, 25(2): 141-151.

第6章

雷达在睡眠呼吸障碍筛查中的应用

阻塞性睡眠呼吸暂停低通气综合征（Obstructive Sleep Apnea-Hypopnea Syndrome, OSAHS）是一种常见的睡眠呼吸疾病，其特征是暂时性的依赖睡眠状态的上呼吸道塌陷，导致周期性的通气减少或停止，伴随由此引起的低氧、高碳酸血或觉醒[1]。从临床表现来看，阻塞性睡眠呼吸暂停被定义为在睡眠中尽管有呼气努力，但气流仍几乎完全停止（减少超过90%）超过10s；而低通气被定义为气流减少超过30%并伴随至少3%的血氧饱和度下降或觉醒[1]。在睡眠中每小时发生的睡眠呼吸暂停和低通气事件的次数称为呼吸暂停低通气指数（Apnea-Hypopnea Index，AHI），它是诊断OSHAS的重要指标。医学上根据AHI的数值进行OSAHS严重程度判定的规则如表6-1所示。据统计，以AHI≥5次/h为诊断标准，全球范围内成年人的OSAHS总体患病率为9%～38%，且男性的患病率更高[2]。目前我国约有1.76亿名OSAHS患者。

表6-1　OSAHS严重程度判定规则

数值范围/（次/h）	OSAHS严重程度
0≤AHI<5	健康
5≤AHI<15	轻度

续表

数值范围 /（次 /h）	OSAHS 严重程度
15 ≤ AHI<30	中度
AHI ≥ 30	重度

　　从短期表现来看，OSAHS 患者会在夜间习惯性打鼾，出现可观察到的呼吸暂停，并可能发生喘息、憋醒及夜尿增多的现象，在白天常常会晨起头痛、醒后乏力，并出现嗜睡的现象；从长期表现来看，OSAHS 患者可能会出现注意力下降、记忆力减退等情况[3]。OSAHS 与多种疾病的发生发展有密切的关系，如果早期未能进行及时的诊治，后期很可能出现诸如高血压、冠心病、卒中等合并症，大幅提高管理和治疗的难度。对于一些特殊岗位人群（如司机、施工员等），OSAHS 带来的嗜睡、疲倦会导致工作效率下降，甚至可能引发安全事故[3]。因此，OSAHS 的筛查与及时诊治具有十分重要的意义。

　　OSAHS 的医学诊断金标准为多导睡眠监测（Polysomnography，PSG），需要患者前往医院的睡眠实验室，采集呼吸气流、呼吸努力、血氧饱和度、心电图、脑电图、肌电图等生物信号[4]。然而，PSG 为接触式测量设备，存在以下局限性。

　　（1）受试者舒适度较差。多种管线和胸腹带会对人体呼吸运动与肢体运动产生限制。例如，受试者在接受 PSG 监测时，需要保持平躺姿势；贴附导联、配戴口鼻气流罩会让部分受试者难以入眠。

　　（2）测量结果可能存在偏差。人在陌生环境中的第一晚有可能出现睡眠质量下降的现象，即首夜效应[5]。受睡眠舒适度下降和睡眠实验室首夜效应的双重影响，OSAHS 诊断结果有可能偏离受试者的日常生活状态。

　　（3）难以普及 OSAHS 筛查和实现日常监测。受限于设备和人力成本，医院内进行 PSG 监测的医疗资源十分有限，通常只能在少数专用病房实施，且难以持续进行日常监测，无法跟踪患者的长期病情变化。

　　利用雷达进行非接触式睡眠呼吸暂停识别，可以在一定程度上解决上述问题。雷达传感器具有对微运动敏感、隐私风险低的优势，其非接触式监测的特性可显著提高受试者的依从性，可布置在居家环境、养老机构和普通病房，缓解患者因首夜效应引起的数据偏差，从而获得长期持续的睡眠数据，实现对 OSAHS 的病情跟踪和治疗效果评估。因此，基于雷达的睡眠监测这一前沿领域正逐渐受到人们的关注。

第2章和第4章分别介绍了基于雷达信号的肢体行为识别和手势识别方法。相比上述人体行为，睡眠呼吸行为具有以下特征：①呼吸运动幅度小，通常为毫米量级；②呼吸运动的位置局限特征明显，主要集中于人体的胸腹部分；③在呼吸暂停、低通气等睡眠呼吸异常事件发生前、进行过程中及发生后，可能伴随躯干和四肢的运动。

部分研究基于单基地连续波（Continuous Wave，CW）雷达进行睡眠呼吸监测。由于单基地 CW 雷达不具备在距离维和角度维区分多目标的能力，为防止身体其他部分运动的干扰，必须将雷达波束的照射范围局限在患者胸部。2014 年，Lee 等使用 2.4GHz CW 雷达采集了人体呼吸的雷达微动信号，证明了重建的胸部位移信号和真实胸部位移信号具有较好的相关性，并估计了受试者的呼吸频率[6]。Lin 等将 2.4GHz CW 雷达悬挂于床的上方，雷达 LOS 方向与床面垂直且指向患者胸部，利用人工设计的经验特征和基于规则的简单判别器，实现了对体动、离床等事件的识别[7]。2020 年，Baboli 等在相似的实验场景中，采用 2.45GHz 和 24GHz 双频段 CW 雷达，基于重建的胸部位移信号的幅度特征实现了睡眠呼吸暂停和低通气事件的识别[8]。

近年来，超宽带（Ultra-Wideband，UWB）雷达在睡眠呼吸监测中也被广泛使用，UWB 雷达系统简单、成本低，且相比 CW 雷达具备距离维分辨能力，可根据距离信息跟踪胸部呼吸运动，对患者的姿态改变更具鲁棒性。2015 年，Javaid 等采用放置在床垫下的 3.6 ～ 4.6GHz UWB 雷达，对解卷绕重建的胸部位移信号提取包络等 15 种经验特征，并采用线性判别分类器识别睡眠呼吸异常事件[9]。2020 年，Kang 等在睡眠实验室中同时采集了受试者的 PSG 数据与 UWB 雷达微动数据，以解卷绕重建的胸部位移信号幅度为特征，采用改进的 CFAR 实现睡眠呼吸暂停事件识别[10]。2022 年，Kwon 等以睡眠实验室中 PSG 人工标注数据为标签，训练了一个 CNN-LSTM 混合模型，该模型以 6.5 ～ 8.0GHz UWB 雷达的时间 – 距离像作为输入，首先通过 CNN 提取局部特征，然后利用 LSTM 网络建模长程时域关联，实现了端到端的睡眠呼吸暂停识别[11]。

近年来，小型化、集成化的 FMCW 雷达设备取得了迅猛的发展，德州仪器和英飞凌等著名厂商相继推出了 60GHz、77GHz 等具有较高载频的毫米波

FMCW 雷达模块。2022 年，Choi 等将 60GHz 的 FMCW 雷达安置在床正上方的天花板上进行睡眠监测，设计了一个具有卷积循环神经网络（Convolutional Recurrent Neural Network，CRNN）结构的模型，在雷达回波数据解调得到的呼吸波形信号上进行睡眠呼吸暂停识别[12]。相比 UWB 雷达，FMCW 毫米波雷达同样具备距离维分辨能力，且频率更高、带宽更大（最高达 5GHz），具有更精细的呼吸微运动分辨能力，表现出了提高睡眠呼吸监测准确性的潜力。

在睡眠呼吸暂停识别中，雷达监测到的人体胸腔位移与金标准中的呼吸气流信号、呼吸努力信号具有强相关性，可基于此识别人睡眠中的呼吸异常事件。血氧饱和度也是基于 PSG 判读呼吸异常事件时常用的生理特征之一，通过对雷达和血氧信号的综合分析，可以对人的睡眠状态有更全面的认识，有利于提升睡眠呼吸暂停识别性能。

本章针对睡眠呼吸暂停识别问题，使用 60GHz 的 FMCW 毫米波雷达和腕式血氧仪采集人体睡眠呼吸微动信号与血氧信号，首先根据本章所提的数据预处理方法将雷达原始回波变换为代表体动和呼吸运动的谱图，然后将其输入本章后文所提的睡眠呼吸暂停识别深度神经网络模型中，实现睡眠呼吸暂停和低通气事件的识别，接着融合血氧信息对识别出的睡眠呼吸异常事件进行修正，并进一步估计 OSAHS 诊断的重要指标 AHI，验证本章所提睡眠呼吸暂停识别方法与 PSG 在 OSAHS 诊断关键指标上的一致性。

6.1　实验场景与数据采集

本实验使用的数据均来自 2023 年 7—9 月在上海市第六人民医院进行的临床试验，该试验在开展前通过了上海市第六人民医院伦理委员会的审批（2023-030-[1]），且已在美国临床试验注册中心注册（序列号：NCT06038006）。所有受试者均获得了本实验的详细信息，并知情同意。在本实验中，对同一受试者同时实施 PSG 与雷达睡眠监测，实验数据采集场景如图 6-1 所示。

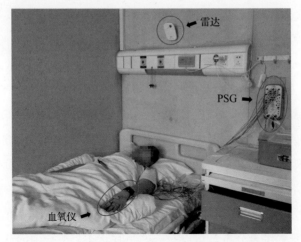

图 6-1　实验数据采集场景

6.1.1　雷达睡眠监测系统

本章使用北京清雷科技有限公司研制的 QSA600 睡眠监测系统，其硬件由雷达和血氧仪构成。雷达是英飞凌公司生产的型号为 BGT60TR13C 的 FMCW 雷达，其载波频率 $f_0 = 60\,\text{GHz}$，带宽 $B = 3\text{GHz}$，相应的距离分辨率为 5cm，扫频重复频率 $f_{\text{CRF}} = 250\text{Hz}$，径向运动的最大无模糊速度为 $\pm 31.25\text{cm/s}$，数据采集仅使用了其中一个接收单元和一个发射单元。血氧仪是超思公司生产的型号为 MD300W628 的脉搏血氧仪，可以监测受试者睡眠过程中血氧饱和度的变化情况。

为确保雷达参数设置满足实验需求，通过预实验对人体呼吸运动产生的多普勒频率上限进行了估计，即将相同参数的雷达放置于受试者胸前约 70cm 处，使雷达 LOS 垂直于受试者胸壁，要求受试者尽全力吸气和吹气。实验数据表明，受试者呼吸产生的多普勒频率绝对值最大不超过 10Hz。考虑到睡眠中的呼吸运动更加平缓，上述雷达参数完全可以满足呼吸监测的需要，不会产生多普勒混叠。

如图 6-1 所示，实验中将雷达设备安装于床头正上方、距离床水平面约 1m 的位置，调整雷达的夹角，使雷达 LOS 大致面向受试者胸腹部。这种斜照射的方式使受试者的头部、胸部等部位和雷达之间的距离不同，考虑到所用雷达具有 5cm 的距离分辨率，头部、胸部、腹部等部位的运动将体现在时间 −

距离像上的不同距离单元。

6.1.2　多导睡眠监测

PSG 通过同时监测呼吸气流、呼吸努力、血氧饱和度、心电图、脑电图、肌电图等生理信号，获取受试者的睡眠状态记录，并由专业的睡眠医师手工进行睡眠呼吸异常事件标注，根据睡眠中每小时发生呼吸暂停和低通气事件的次数，对受试者进行 OSAHS 诊断和病情严重程度分级[4]。睡眠呼吸异常事件分为中枢性呼吸暂停（Central Apnea，CA）、阻塞性呼吸暂停（Obstructive Apnea，OA）、混合性呼吸暂停（Mixed Apnea，MA）及低通气（Hypopnea，H），其标注规则符合美国睡眠医学会（American Academy of Sleep Medicine，AASM）发布的《美国睡眠医学学会睡眠及其相关事件判读手册：规则、术语和技术规范》[4]（以下简称《AASM 手册》），如表 6-2 所示。若表中的条件满足且持续时间超过 10s，则判定为一次睡眠呼吸异常事件，事件在时间上不允许重叠。

表 6-2　睡眠呼吸异常事件标注规则（《AASM 手册》）

睡眠呼吸异常事件类别	呼吸气流	血氧饱和度	呼吸努力
中枢性呼吸暂停（CA）	下降≥90%	无要求	消失
阻塞性呼吸暂停（OA）	下降≥90%	无要求	未消失或增强
混合性呼吸暂停（MA）	下降≥90%	无要求	部分时段消失
低通气（H）	下降≥30%	下降≥4% 或 下降≥3% 伴有微觉醒	无要求

OSAHS 诊断的重要指标 AHI，即各类睡眠呼吸异常事件每小时的平均发生次数，其严格定义为

$$\text{AHI} = \frac{\text{整晚睡眠中呼吸暂停低通气事件次数}}{\text{总睡眠时间}} \qquad (6\text{-}1)$$

值得注意的是，AHI 的严格定义要求统计受试者睡眠状态下的呼吸异常事件次数，而本章关注的是睡眠呼吸异常事件的识别，有关受试者睡眠状态和清醒状态的判断将在第 7 章介绍，因此本章直接对受试者睡眠状态下的数据进行处理，并估算每名受试者的 AHI。

本实验共采用了100名受试者的整晚雷达数据和生理数据，受试者基本信息如表6-3所示，其中，"健康""轻度""中度""重度"遵循表6-1中的医学判定规则。

表6-3　受试者基本信息

分组	人数（男/女）	年龄*/岁	BMI*/（kg/m²）	总睡眠时间*/h	AHI*/（次/h）
健康	27（6/21）	27.1±8.6	21.2±2.5	7.1±1.7	2.3±1.0
轻度	32（16/16）	28.4±7.3	22.8±2.4	6.7±1.6	8.1±2.2
中度	16（14/2）	37.1±8.9	26.0±3.6	7.4±1.2	21.9±3.9
重度	25（21/4）	44.7±11.1	27.2±3.0	7.3±1.0	57.2±18.1

注：*数据以均值±标准差的形式呈现。

6.2　数据预处理

本节提出一种雷达回波数据预处理方法[13]，将回波数据转化为具有物理意义的谱图，用作后续深度神经网络的输入。

人体睡眠呼吸运动的幅度为毫米量级，速度为厘米每秒量级，使用较高载频的60GHz雷达进行观测，可产生频率达数赫兹的多普勒信号。因此，本节没有采用对微动信号解卷绕的预处理方法，而是提取微动信号中的能量和多普勒信息。该方法具有较强的鲁棒性，避免了解卷绕错误引入的误差。

在本节提出的数据预处理流程（见图6-2）中，雷达原始回波信号被转化为3个具有物理意义的谱图，即体动强度谱图$x_M[r,t]$、呼吸强度谱图$x_B[r,t]$和呼吸多普勒谱图$x_D[r,t]$。它们以距离r和时间t为自变量，反映了相应的物理量在距离和时间上的分布。其中，体动强度谱图$x_M[r,t]$表示受试者肢体运动、翻身等体动的强度；呼吸强度谱图$x_B[r,t]$表示受试者呼吸运动的强度；呼吸多普勒谱图$x_D[r,t]$表示受试者的呼吸多普勒频率与呼吸强度的乘积。

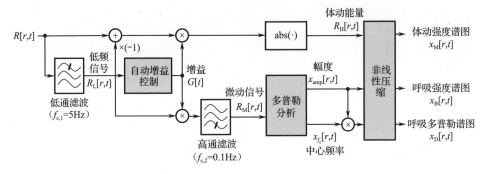

图 6-2　睡眠呼吸暂停识别的数据预处理流程

在第 2 章肢体行为识别使用的特征中，时间 – 距离像和时频图都是"距离 – 多普勒 – 时间"体块的二维切片，本节的体动强度谱图和呼吸强度谱图实际对应不同频率范围内的时间 – 距离像，而呼吸多普勒谱图考虑的是呼吸引起的主多普勒分量在距离和时间上的二维分布。不同于时间 – 距离像和时频图，呼吸多普勒谱图可看作一种特殊的时间 – 距离像，该时间 – 距离像中的数据不是能量值，而是某一时刻和位置上主多普勒分量的频率值。此处没有直接使用多普勒频率的原因是，信号较弱的部分以噪声为主导，计算该处的多普勒频率时会得到大量噪声，而大面积的噪声输入会干扰神经网络的识别。因此，本节采用经过呼吸强度调制的多普勒谱图以抑制噪声。

将 FMCW 雷达的原始回波信号记为 $x[\tau,t]$，其中 τ 和 t 分别表示快时间（一个扫频内的时刻下标）与慢时间（不同扫频的时刻下标）。采用 FMCW 距离维成像的标准操作，对 $x[\tau,t]$ 沿快时间维进行加窗 FFT，得到复数值的时间 – 距离像 $R[r,t]$，其中 r 表示距离，t 仍表示慢时间。睡眠呼吸暂停识别数据预处理算法的具体流程如算法 6-1 所示。其中，自动增益控制算法的目的是将不同时间的信号能量归一化到统一的强度，缓解因距离、体态、病人个体差异等原因导致的能量动态范围过大。多普勒分析算法则是为了选取 (r,t) 坐标处最强的频谱分量。在本实验中，选取 $f_{c,1}=5\text{Hz}$ 和 $f_{c,2}=0.1\text{Hz}$ 以适应本章任务。算法 6-1 中自动增益控制算法与多普勒分析算法的详细步骤分别如算法 6-2 和算法 6-3 所示。其中，自动增益控制算法选取 $f_{c,\text{AGC}}=5\times10^{-3}\text{Hz}$ 以适应本章任务，多普勒分析算法选取时长为 1.6s 的 Hamming 窗。

算法 6-1：睡眠呼吸暂停识别数据预处理算法

输入： $R[r,t]$

输出： $x_{\mathrm{M}}[r,t]$、$x_{\mathrm{B}}[r,t]$、$x_{\mathrm{D}}[r,t]$

第 1 步： 对 $R[r,t]$ 沿慢时间维进行低通滤波，截止频率为 $f_{\mathrm{c},1}$，得到低频信号 $R_{\mathrm{L}}[r,t]$。低于截止频率的部分被认为包含呼吸信号的主要成分，而高于截止频率的部分被认为包含体动的主要成分

第 2 步： 以 $R_{\mathrm{L}}[r,t]$ 为输入，执行自动增益控制算法，得到增益 $G[t]$

第 3 步： 计算体动能量 $R_{\mathrm{H}}[r,t] = \left| G[t](R[r,t] - R_{\mathrm{L}}[r,t]) \right|$

第 4 步： 将 $G[t]R_{\mathrm{L}}[r,t]$ 沿慢时间维进行高通滤波，截止频率为 $f_{\mathrm{c},2}$，滤除静止杂波，得到包含呼吸运动的微动信号 $R_{\mathrm{M}}[r,t]$

第 5 步： 以 $R_{\mathrm{M}}[r,t]$ 为输入，执行多普勒分析算法，得到 (r,t) 坐标处的信号主分量中心频率 $x_{f_{\mathrm{c}}}[r,t]$ 和幅度 $x_{\mathrm{amp}}[r,t]$

第 6 步： 通过幅度开方函数 $f_{\mathrm{NL}}(x) = \sqrt{x}\,\mathrm{sgn}(x)$ 进一步压缩数据的动态范围，得到数据预处理结果 $x_{\mathrm{M}}[r,t] = f_{\mathrm{NL}}(R_{\mathrm{H}}[r,t])$，$x_{\mathrm{B}}[r,t] = f_{\mathrm{NL}}(x_{\mathrm{amp}}[r,t])$，$x_{\mathrm{D}}[r,t] = f_{\mathrm{NL}}(x_{\mathrm{amp}}[r,t]x_{f_{\mathrm{c}}}[r,t])$

算法 6-2：自动增益控制算法

输入： $R_{\mathrm{L}}[r,t]$

输出： $G[t]$

第 1 步： 计算 $R_{\mathrm{L}}[r,t]$ 每个时刻各距离门上能量的最大值 $E[t] = \max\limits_{r} \left| R_{\mathrm{L}}[r,t] \right|^2$

第 2 步： 对 $E[t]$ 进行低通滤波，截止频率为 $f_{\mathrm{c,AGC}}$，得到低频分量 $E_{\mathrm{L}}[t]$

第 3 步： $G[t] = 1/\sqrt{E_{\mathrm{L}}[t]}$

算法 6-3：多普勒分析算法

输入： $R_{\mathrm{M}}[r,t]$

输出： $x_{\mathrm{amp}}[r,t]$，$x_{f_{\mathrm{c}}}[r,t]$

第 1 步：对 $R_M[r,t]$ 进行加窗 STFT，即 $S[k,t,r]=\left|\sum_{n=0}^{L-1}w[n]R_M[r,t-n]\exp\left(-\frac{j2\pi kn}{L}\right)\right|^2$，其中 $w[n]$ 为窗函数

第 2 步：$x_{amp}[r,t]=\max_{k}S[k,t,r]$

第 3 步：$x_{f_c}[r,t]=\underset{k}{argmax}\,S[k,t,r]$

图 6-3 展示了 3 种典型睡眠呼吸异常事件的生理信号和与之对应的雷达预处理谱图，其中睡眠呼吸异常事件发生的位置在图中用方框标出，由睡眠医师分析 PSG 信号得到。分析雷达预处理谱图可以发现以下 3 点。①由于受试者的体动通常是全身性的，因此体动能量在体动强度谱图 $x_M[r,t]$ 的距离维分布较宽，如图 6-3（b）、（f）中均出现了明显体动。另外，由于对体动的判定基于多普勒阈值，因此会有少量的呼吸能量泄漏到体动强度谱图中，导致有时体动强度谱图中会出现在距离维分布较窄的能量。②呼吸运动的位置局限于胸腹部，因此呼吸强度谱图 $x_B[r,t]$ 中信号能量在距离维的分布较为集中。在图 6-3（f）的距离维可以看到双峰分布，这可能是因为患有 OSAHS 的受试者具有明显的胸腹矛盾呼吸现象，即由于气道阻塞，胸腹随呼吸呈现相反的运动方向。③在呼吸多普勒谱图 $x_D[r,t]$ 中，红色和蓝色的部分分别表示正多普勒、负多普勒，信号绝对值与颜色深度成正比，从中可以清楚地看到受试者的呼气过程和吸气过程。

对比生理信号和雷达预处理谱图可知，两者之间存在较强的相关性。低通气是指睡眠过程中气流减少但不完全停止，胸腹呼吸努力也随之减少但依然存在。可以看到，当发生低通气时，图 6-3（a）中的呼吸幅度减小，而图 6-3（b）中的呼吸强度和呼吸多普勒也相应减弱。中枢性呼吸暂停是由呼吸的中枢控制系统出现问题导致的呼吸努力暂时终止，气流几乎完全消失，胸腹呼吸努力也几乎停止。可以看到，当发生中枢性呼吸暂停时，图 6-3（c）中的气流、呼吸努力和图 6-3（d）中的呼吸强度、呼吸多普勒均完全消失。阻塞性呼吸暂停是指由气道阻塞导致气流显著减少，但胸腹呼吸努力依然存在。可以看到，当发生阻塞性呼吸暂停时，图 6-3（f）中的呼吸强度出现减弱，这对应了图 6-3（e）中胸腹呼吸努力的减弱。

以上分析揭示了从雷达数据中识别睡眠呼吸暂停异常事件的可能性。

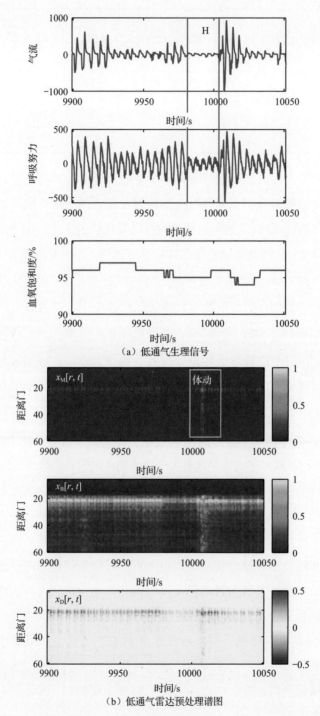

（a）低通气生理信号

（b）低通气雷达预处理谱图

图 6-3　3 种典型睡眠呼吸异常事件的生理信号和与之对应的雷达预处理谱图

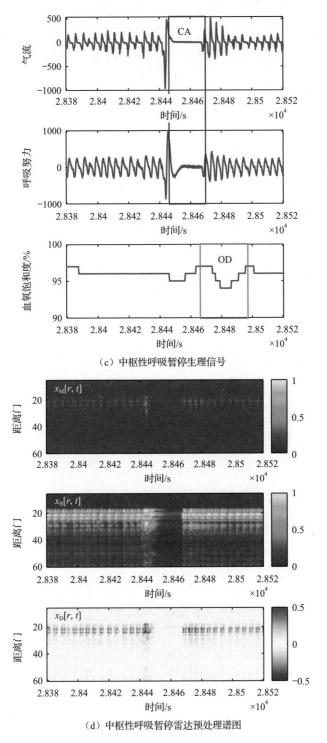

（c）中枢性呼吸暂停生理信号

（d）中枢性呼吸暂停雷达预处理谱图

图 6-3　3 种典型睡眠呼吸异常事件的生理信号和与之对应的雷达预处理谱图（续）

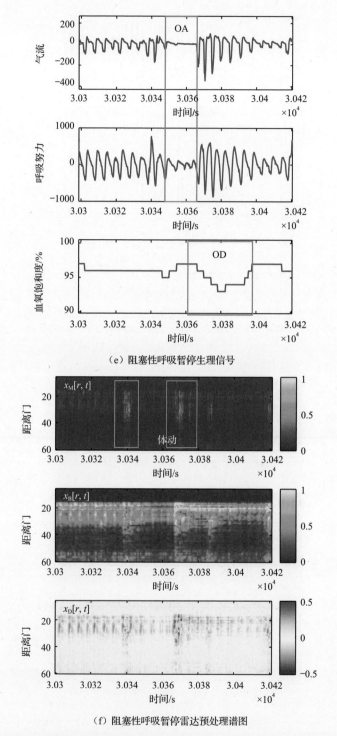

（e）阻塞性呼吸暂停生理信号

（f）阻塞性呼吸暂停雷达预处理谱图

图 6-3　3 种典型睡眠呼吸异常事件的生理信号和与之对应的雷达预处理谱图（续）

6.3　睡眠呼吸暂停识别深度神经网络模型

本节提出了一种以雷达预处理谱图（体动强度谱图 $x_M[r,t]$、呼吸强度谱图 $x_B[r,t]$ 和呼吸多普勒谱图 $x_D[r,t]$）为输入的深度神经网络模型，以实现对睡眠呼吸异常事件的识别。Faster R-CNN 模型是目标检测领域的经典模型[14]，目标检测的任务是在图像中检测出包含特定目标的二维空间区域的包围框并识别目标类别，而睡眠呼吸暂停识别是在信号中检测出包含特定呼吸异常事件的一维时间片段的包围框并对事件类别进行识别，可以视为一维目标检测问题。因此，本节所提睡眠呼吸暂停识别深度神经网络模型遵循了 Faster R-CNN 模型的检测机制，主要由特征提取网络（Backbone）、片段生成网络（Segment Proposal Network，SPN）和分类回归网络组成，其基本结构如图 6-4 所示。该模型可视为 Faster R-CNN 模型的一维变体，并针对本章任务做了细节上的优化。

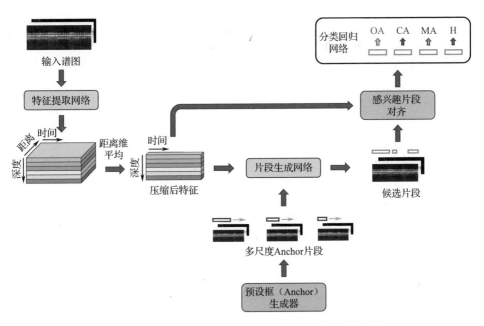

图 6-4　睡眠呼吸暂停识别深度神经网络模型基本结构

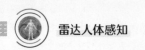

6.3.1 特征提取网络

特征提取网络利用序贯连接的卷积层提取谱图的特征，并通过特征金字塔网络（Feature Pyramid Network，FPN）实现多尺度特征融合和检测，其结构如图 6-5 所示，各层详细参数如表 6-4 所示。特征提取网络的输入为体动强度、呼吸强度、呼吸多普勒沿深度维堆叠后的谱图，尺寸为 $N_T \times N_R \times 3$（时间×距离×深度）。在将谱图输入网络之前，先在时间维对其以 2.5Hz 的采样频率进行采样，该采样频率可以保证在不损失有用信息的前提下尽可能压缩数据量，因此输入谱图在时间维的尺寸 $N_T = 2.5T$，T 为信号时长。在距离维选取较近处覆盖受试者床铺区域的 55 个距离单元，因此输入谱图在距离维的尺寸 $N_R = 55$。

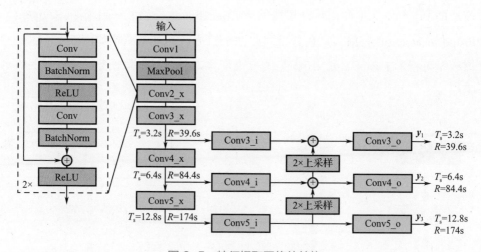

图 6-5　特征提取网络的结构

表 6-4　特征提取网络各层详细参数

层名称	卷积核尺寸 *（时间×多普勒）	输出通道数
Conv1	$7 \times 7, s = 2, p = 3$	64
Conv2_x	$\begin{bmatrix} 3 \times 3, s=1, p=1 \\ 3 \times 3, s=1, p=1 \\ 3 \times 3, s=1, p=1 \\ 3 \times 3, s=1, p=1 \end{bmatrix}$	64

续表

层名称	卷积核尺寸 *（时间×多普勒）	输出通道数
Conv3_x	$\begin{bmatrix} 3\times3, s=2, p=1 \\ 3\times3, s=1, p=1 \\ 3\times3, s=1, p=1 \\ 3\times3, s=1, p=1 \end{bmatrix}$	128
Conv4_x		256
Conv5_x		512
Conv3_i	$1\times1, s=1, p=0$	512
Conv4_i	$1\times1, s=1, p=0$	512
Conv5_i	$1\times1, s=1, p=0$	512
Conv3_o	$3\times3, s=1, p=1$	512
Conv4_o	$3\times3, s=1, p=1$	512
Conv5_o	$3\times3, s=1, p=1$	512

注：*s 为卷积的步长，p 为卷积中的补零数。

多尺度检测结构在视觉检测模型中被广泛采用，它通过在不同分辨率的特征图上进行检测，提升了待检测目标尺度差异较大时的检测性能。图 6-5 中的 y_1、y_2 和 y_3 为特征提取网络输出的不同层级的特征；T_s 表示特征在时间维的步长，即相邻特征之点之间的时间间隔；R 表示特征在时间维的感受野，即特征点在输入谱图上对应的时间区域。睡眠呼吸异常事件的时长分布较宽，范围覆盖 10s（《AASM 手册》中规定的时长下限）至数分钟。浅层特征的步长和感受野较小，对小尺度（时长较短）的事件更敏感，而深层特征更有利于识别大尺度（时长较长）的事件，仅靠单一层级的特征难以很好地实现不同时长事件的识别。本节借鉴 FPN 结构对具有不同步长和感受野的特征进行融合，并输出多尺度特征图用于后续的识别。

6.3.2　片段生成网络

片段生成网络在提取到的多尺度特征图基础上输出睡眠呼吸异常事件候选片段的包围框参数，其结构如图 6-6 所示，各层详细参数如表 6-5 所示。由图 6-4 可知，特征提取后的特征图在输入 SPN 之前首先在距离维压缩，这是因为睡眠呼吸异常事件的识别重点之一是找到事件发生的时刻，而不关注其发生的位置，因此输入 SPN 的特征图只存在时间维。不同尺度特征图上的候选片段生成操作独立进行，对于第 k 级尺度，首先以该尺度特征图中的每个点为中心，生成一定尺寸的预设框 Anchor，结合睡眠呼吸异常事件时长的分布特点，本实验设置每个点生成两个不同尺寸的预设框，不同尺度特征图上预设框的尺寸如表 6-6 所示。对于每个生成的预设框，SPN 将输出其存在目标的概率 p 及边界回归参数 $\{t_x, t_w\}$。在训练阶段，需要给预设框分配一个二分类的标签（有或无异常事件），若预设框与任意一个真实框的交并比（Intersection-over-Union, IoU）超过阈值（如将阈值设为 0.7），或者预设框与某一真实框的 IoU 在所有预设框中最大，则被判定为正样本（有异常事件，$p^* = 1$）。每个真实框最多匹配一个预设框为正样本，当多个预设框与同一真实框的 IoU 大于 0.7 时，只有 IoU 最大的预设框可被判定为正样本。若一个预设框与所有真实框的 IoU 都小于 0.3，则被判定为负样本（无异常事件，$p^* = 0$）。所有正样本预设框都需要与其 IoU 最大的真实框计算边界回归参数的标签，具体计算公式为

$$\begin{cases} t_x^* = (x^* - x_a)/w_a \\ t_w^* = \ln(w^*/w_a) \end{cases} \tag{6-2}$$

式中，x^* 和 w^* 分别为真实框的中心位置与宽度；x_a 和 w_a 分别为预设框的中心位置与宽度。

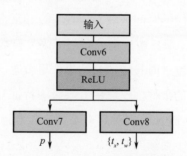

图 6-6　片段生成网络的结构

表 6-5　片段生成网络各层详细参数

层名称	卷积核尺寸* （时间 × 多普勒）	输出通道数
Conv6	$3 \times 3, s = 1, p = 1$	512
Conv7	$1 \times 1, s = 1, p = 0$	2
Conv8	$1 \times 1, s = 1, p = 0$	4

注：*s 为卷积的步长，p 为卷积中的补零数。

表 6-6 不同尺度特征图上预设框的尺寸

层级 k	1	2	3
尺寸（时长）	25（10s），50（20s）	75（30s），100（40s）	150（60s），200（80s）

在训练中，SPN 网络最小化预设框的分类损失与边界回归损失，具体损失函数为

$$\mathcal{L} = -\frac{1}{N_{cls}}\sum_i [p_i^* \ln p_i + (1-p_i^*)\ln(1-p_i)] + \frac{1}{N_{reg}}\sum_i p_i^* \sum_{k\in\{x,w\}} L_{reg}(t_{k,i}-t_{k,i}^*) \quad (6\text{-}3)$$

$$L_{reg}(a) = \begin{cases} 0.5a^2, & |a|<1 \\ |a|-0.5, & 其他 \end{cases} \quad (6\text{-}4)$$

式中，N_{cls} 为用于计算分类损失的预设框数量；N_{reg} 为用于计算边界回归损失的预设框数量。在测试阶段，对 SPN 输出概率大于一定阈值的预设框使用边界回归参数调整其边界范围，生成最终的候选片段，具体调整方式为式（6-2）的逆过程，即

$$\begin{cases} x = x_a + t_x w_a \\ w = w_a \exp(t_w) \end{cases} \quad (6\text{-}5)$$

6.3.3 分类回归网络

分类回归网络以片段生成网络输出的候选片段范围内的特征为输入，进行事件类别的识别，并进一步对包围框的范围进行微调，其结构如图 6-7 所示，各层详细参数如表 6-7 所示。

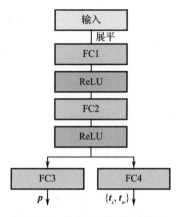

图 6-7 分类回归网络的结构

表 6-7　分类回归网络各层详细参数

层名称	全连接权重尺寸
FC1	$(512H_{\text{norm}}W_{\text{norm}})\times1024$ [*]
FC2	1024×1024
FC3	1024×5
FC4	1024×10

注：[*] H_{norm} 和 W_{norm} 为候选片段包围框内特征归一化后的尺寸。

对候选片段进行特征对齐操作，这是目标检测中的经典操作[15]，即将不同大小的候选片段包围框内的特征归一化至相同尺寸，这里要根据候选片段的宽度选择所提取特征的特征图尺度层级，以发挥多尺度特征图在识别不同时长事件上的优势。具体方式为，对于宽度为 w 的候选片段，其对应的特征图尺度层级为

$$k=\lfloor \log_2(w/32)+1 \rfloor \tag{6-6}$$

式中，$\lfloor\cdot\rfloor$ 为向下取整。在选定的第 k 级特征图上裁剪出候选片段包围框范围内的特征并归一化至相同尺寸。至此，所有的候选片段都已经被转化为尺寸相同的特征，分类回归网络基于这些特征输出每个候选片段中的事件类别概率 $\boldsymbol{p}=[p_0,p_1,p_2,p_3,p_4]$ 和边界回归参数 $\{\boldsymbol{t}_x=[t_{x,0},t_{x,1},t_{x,2},t_{x,3},t_{x,4}],\boldsymbol{t}_w=[t_{w,0},t_{w,1},t_{w,2},t_{w,3},t_{w,4}]\}$，其中，下标 $0\sim4$ 分别代表无事件、CA、OA、MA 和 H。在训练阶段，需要给候选片段分配一个多分类的标签（异常事件类型），使用 SPN 中类似的方法将候选片段与真实框匹配，但这里判断正负样本的 IoU 阈值为 0.5，标签为真实框对应事件类型的独热编码 $\boldsymbol{p}^*$。使用与式（6-2）相同的方式计算边界回归参数的标签 $\{\boldsymbol{t}_x^*,\boldsymbol{t}_w^*\}$。在训练中，分类回归网络最小化候选片段的分类损失与边界回归损失，具体损失函数为

$$\mathcal{L}=-\frac{1}{N_{\text{cls}}}\sum_i \boldsymbol{p}_i^*\ln\boldsymbol{p}_i^{\text{T}}+\frac{1}{N_{\text{reg}}}\sum_i \mathbf{1}_{(p_{0,i}^*\neq1)}\sum_{k\in\{x,w\}}L_{\text{reg}}(t_{k,c_i,i}-t_{k,c_i,i}^*) \tag{6-7}$$

式中，c_i 为第 i 个候选片段匹配到的真实框的类别。在测试阶段，对于分类回归网络输出的某一类别概率大于一定阈值的候选片段，使用边界回归参数进一步调整其包围框的边界范围，调整方式同式（6-5），生成最终的睡眠呼吸异常

事件识别结果。每个识别出的事件由类别 c 、置信度 p （该事件为类别 c 的概率）、起始时刻 x_s 和结束时刻 x_e 表示，表达式分别为

$$\begin{cases} c = \arg\max_i p_i \\ p = p_c \end{cases} \tag{6-8}$$

$$x_s = x + t_{x,c}w - \frac{w\exp(t_{w,c})}{2} \tag{6-9}$$

$$x_e = x + t_{x,c}w + \frac{w\exp(t_{w,c})}{2} \tag{6-10}$$

式中，x 和 w 分别为式（6-5）中候选片段的中心位置与宽度。

6.3.4　后处理

在测试过程中，网络预测的睡眠呼吸异常事件在时间上可能重叠，而这并不符合医学常识。参考视觉检测模型中的经典后处理流程，本节采用非最大值抑制（Non-Maximum Suppression，NMS）算法[16] 剔除重合的概率较低的包围框。特别地，在目标检测中，不同类别的目标包围框在某些场景中可能重叠。因此，NMS 算法通常在同一类别的预测包围框内应用。然而，在本研究中，不同类型异常事件之间不存在时间上重叠的可能性。因此，NMS 算法被同时应用于所有类型的预测包围框。使用 NMS 算法处理预测包围框前后对比如图 6-8 所示。去重后的结果进一步通过概率阈值 θ_p 进行过滤，以丢弃概率较低的预测包围框，超过阈值的预测包围框将被视为最终识别结果。

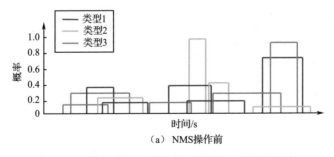

（a）NMS操作前

图 6-8　使用 NMS 算法处理预测包围框前后对比

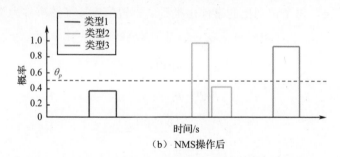

（b）NMS操作后

图 6-8　使用 NMS 算法处理预测包围框前后对比（续）

6.3.5　实现细节

本实验采用 PyTorch 实现所提出的睡眠呼吸暂停识别深度神经网络模型。训练采用随机梯度下降（Stochastic Gradient Descent，SGD）优化器，共进行 80 轮。为缓解过拟合现象，训练时在输入数据中加入了少量高斯白噪声，并采用随机平移、裁剪的方法进行数据增强。

6.4　雷达数据和血氧数据融合算法

睡眠呼吸异常事件通常会导致血氧饱和度反复下降[17]。本节提出了基于雷达数据和血氧数据的决策级融合算法，以对 6.3 节中雷达识别事件结果的置信度进行调整，提高事件识别的准确率。

本节将血氧信号记为 $s[t]$。如 6.3 节所述，网络识别出的事件起始时刻为 x_s，对事件发生后一段时间内的血氧信号 $s[t](x_s \leqslant t < x_s + \Delta x)$ 进行特征提取，这里取 Δx 为 1min。具体地，提取这段信号中第一个下降超过 3% 的血氧饱和度下降（Oxygen Desaturation，OD）事件的下降幅度 P_{OD}，以及与之相关的血氧饱和度上升（Oxygen Rise，OR）幅度 P_{OR}，如图 6-9 所示。若信号中没有超过 3% 的 OD，则对下降幅度最大的 OD 事件进行上述特征提取。

所有由雷达识别的事件都可以由上述特征提取方法得到与之对应的血氧特征，本节所提雷达数据和血氧数据融合算法会根据血氧特征调节雷达识别出的事件的置信度。对于 OD 显著的事件，可以通过一定的规则提高其置信度。

相反，对于 OD 较弱的事件，很可能是单靠雷达识别出的虚警，可以通过一定的规则降低其置信度。雷达数据和血氧数据融合算法的具体流程如算法 6-4 所示。

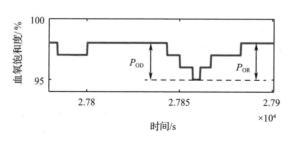

图 6-9　血氧信号特征提取示意

算法 6-4：雷达数据和血氧数据融合算法

输入：基于雷达识别出的事件的置信度 $\boldsymbol{p}_r = \{p_r^i\}_{0 \leqslant i \leqslant N-1}$，事件对应的血氧特征 $\boldsymbol{P}_{OD} = \{P_{OD}^i\}_{0 \leqslant i \leqslant N-1}$ 和 $\boldsymbol{P}_{OR} = \{P_{OR}^i\}_{0 \leqslant i \leqslant N-1}$，其中 N 为雷达检测出的事件数量

输出：融合后事件的置信度 $\boldsymbol{p}_f = \{p_f^i\}_{0 \leqslant i \leqslant N-1}$

第 1 步：初始化融合权重 α, β 和血氧特征阈值 θ_1, θ_2

第 2 步：对第 i 个雷达检出事件，其融合后的权重为 p_f^i

当 $P_{OD}^i \geqslant \theta_1$ 或 $P_{OR}^i \geqslant \theta_2$ 时，认为该事件具有强 OD 特征，则 $p_f^i = \alpha p_r^i + (1-\alpha)$

当 $P_{OD}^i < \theta_1$ 且 $P_{OR}^i < \theta_2$ 时，认为该事件具有弱 OD 特征，则 $p_f^i = \beta p_r^i$

其他情况下，$p_f^i = p_r^i$

该融合算法可以看作基于雷达数据和血氧数据给出的事件置信度的加权求和。基于雷达给出的事件置信度来自 6.3 节所提睡眠呼吸暂停识别深度神经网络模型的输出；基于血氧给出的事件置信度根据事件对应的血氧特征进行判断。具有强 OD 特征的事件置信度为 1，具有弱 OD 特征的事件置信度为 0。利用权重系数 α 和 β 进行加权求和，得到融合后的置信度，本实验设置权重系数 $\alpha = 0.5$，$\beta = 0.6$。

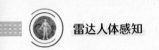

本节将在 6.1 节采集的实测数据上，从以下几个方面验证本章所提睡眠呼吸暂停识别方法的有效性：①根据睡眠呼吸异常事件的统计结果，给出基于雷达数据和血氧数据融合处理的 AHI 估计值，并与 PSG 的参考值进行比较；②结合 OSAHS 的诊断标准，给出诊断与严重程度分级的混淆矩阵和 ROC 曲线；③将所提方法的结果与单独使用雷达数据和血氧数据的结果进行对比，进一步分析融合雷达数据和血氧数据的优势；④结合具体输出样例，分析所提方法的特点。

实验采用 4 折交叉验证，将 100 名受试者分为 4 组，每次选定 1 组受试者的数据作为测试集，其余 3 组受试者的数据作为训练集，如此重复 4 次，并报告各次实验测试集上的结果。

6.5.1 AHI 指数估计

利用本章所提方法，对 100 名受试者的雷达数据和血氧数据进行处理，统计整晚睡眠呼吸异常事件次数，再将其除以整晚睡眠时间，得到每名受试者的 AHI。将基于雷达和血氧测量的指数 AHI_{pred} 与 PSG 的参考值 AHI_{true} 进行对比，图 6-10（a）（b）分别展示了 AHI 相关性散点图和 Bland-Altman 分析图。

图 6-10（a）的数据点直线拟合结果为 $\text{AHI}_{\text{pred}} = 0.96\text{AHI}_{\text{true}} + 0.38$，皮尔逊相关系数 $r = 0.9870$，线性度良好。此外，组内相关系数（ICC）用于评定不同测量方法对同一对象测量结果的一致性[18]，其计算公式为

$$\text{ICC} = \frac{\text{MS}_{\text{R}} - \text{MS}_{\text{E}}}{\text{MS}_{\text{R}} + (k-1)\text{MS}_{\text{E}} + k(\text{MS}_{\text{C}} - \text{MS}_{\text{E}})/n} \tag{6-11}$$

$$\text{MS}_{\text{R}} = \frac{k\sum_{i=1}^{n}[\text{AHI}_{\text{ave}}^{i} - \overline{\text{AHI}}]^2}{n-1} \tag{6-12}$$

$$\text{MS}_{\text{E}} = \frac{\sum_{m\in\{\text{'true','pred'}\}}\sum_{i=1}^{n}(\text{AHI}_{m}^{i} - \text{AHI}_{\text{ave}}^{i})^2 - k\sum_{m\in\{\text{'true','pred'}\}}\left[\sum_{i=1}^{n}\text{AHI}_{m}^{i} - \overline{\text{AHI}}\right]^2}{(k-1)(n-1)} \tag{6-13}$$

$$\text{MS}_{\text{C}} = \frac{k \sum\limits_{m \in \{\text{'true', 'pred'}\}} \left[\sum\limits_{i=1}^{n} \text{AHI}_m^i - \overline{\text{AHI}} \right]^2}{k-1} \qquad (6\text{-}14)$$

$$\begin{cases} \overline{\text{AHI}} = \dfrac{1}{2n} \sum\limits_{i=1}^{n} (\text{AHI}_{\text{true}}^i + \text{AHI}_{\text{pred}}^i) \\ \text{AHI}_{\text{ave}}^i = \dfrac{\text{AHI}_{\text{pred}}^i + \text{AHI}_{\text{true}}^i}{2} \end{cases} \qquad (6\text{-}15)$$

式中，$n=100$ 为受试者数量；$k=2$ 为测量方式的数量。本实验测得 ICC $=0.9864$（95% 置信区间 [0.9799, 0.9909]），表明雷达数据和血氧数据融合的方法在测量 AHI 方面与 PSG 具有很高的一致性。

Bland-Altman 分析是医学领域常用的评价方式，用以反映两种测量方法的系统误差和随机误差[19]。图 6-10（b）中横轴为本章所提方法和 PSG 所得 AHI 均值，纵轴为两者的差值，3 条横虚线分别表示平均误差（Mean）和平均误差 ±1.96 标准差（Mean±1.96SD）范围，正态分布中距平均值小于 1.96 个标准差的百分比为 95%，因此平均误差 ±1.96 标准差表示两种测量方法差值的 95% 一致性界限。这里两者的平均误差为 -0.5238 次 /h，95% 一致性界限为 $-8.0395 \sim 6.9918$ 次 /h。

上述定量分析结果显示，本章所提基于雷达数据和血氧数据融合的睡眠呼吸暂停识别方法能有效地估计受试者的 AHI 指数，且与 PSG 的参考值一致性很高。

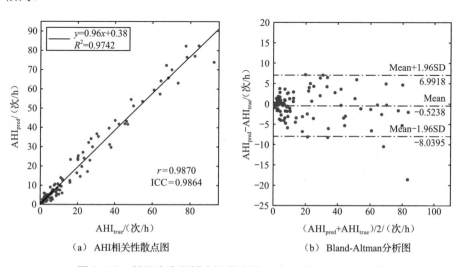

（a）AHI相关性散点图　　　　（b）Bland-Altman分析图

图 6-10　基于本章所提方法得出的 AHI_{pred} 与 AHI_{true} 的对比

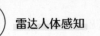

6.5.2　OSAHS 诊断结果分析

根据表 6-1，图 6-11 展示了基于雷达数据和血氧数据融合的 OSAHS 病情分级混淆矩阵。可见，本章所提方法能够较好地区分不同病情等级的患者，仅在相邻的等级判定上存在少量错误。

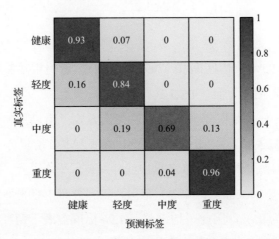

图 6-11　基于雷达数据和血氧数据融合的 OSAHS 病情分级混淆矩阵

依次以阈值 $\theta_{true} = 5,15,30$（次 /h）为分界，根据 PSG 测得的 AHI_{true} 对受试者进行病情诊断，即 $AHI_{true} \geqslant \theta_{true}$ 为正样本，$AHI_{true} < \theta_{true}$ 为负样本，改变用于 AHI_{pred} 病情诊断的阈值 θ_{pred}，可计算 θ_{pred} 在各取值下基于 AHI_{pred} 的病情诊断结果。图 6-12 展示了不同 θ_{true} 下基于雷达数据和血氧数据融合的 OSAHS 诊断 ROC 曲线。其中，纵轴的灵敏度（Sensitivity）和横轴的特异度（Specificity）定义分别为

$$Sensitivity = \frac{TP}{TP+FN} \tag{6-16}$$

$$Specificity = \frac{TN}{TN+FP} \tag{6-17}$$

式中，TP 是正确识别为正样本的数量；FP 是错误识别为正样本的数量；TN 是正确识别为负样本的数量；FN 是错误识别为负样本的数量。图 6-12 中的 AUC 反映了整体诊断性能，AUC 越接近 1，诊断性能越好。可见，在区分健康和患病（$\theta_{true} = 5$ 次 /h）方面，本章所提方法可以实现 93% 的灵敏度与 92%

的特异度；在区分轻症与中重症（$\theta_{true}=15$次/h）方面，本章所提方法可以实现 95% 的灵敏度和 94% 的特异度；在区分轻中症和重症（$\theta_{true}=30$次/h）方面，本章所提方法可以实现 96% 的灵敏度和 97% 的特异度。上述定量分析结果显示，本章所提方法能够较为有效地进行 OSAHS 诊断和病情分级。

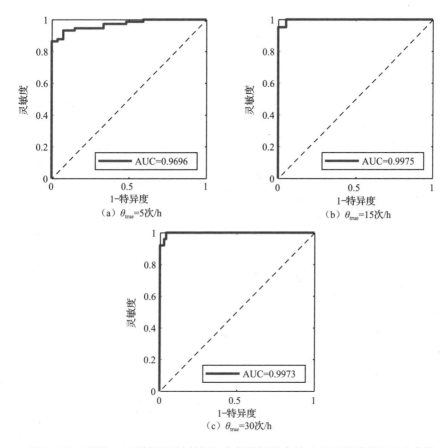

图 6-12　不同 θ_{true} 下基于雷达数据和血氧数据融合的 OSAHS 诊断 ROC 曲线

6.5.3　融合前后结果对比

本章所提方法融合血氧信号的目的在于降低虚警并提高可靠（具有强 OD 特征）事件的置信度。在实验中，设置算法 6-4 中的血氧融合阈值 $\theta_1=4\%$ 和 $\theta_2=2\%$，表 6-7 详细比较了仅使用血氧数据、仅使用雷达数据及融合雷达数据和血氧数据的结果。其中，仅使用血氧数据的结果是通过在

OSAHS 诊断中使用 3% 的血氧饱和度下降指数（ODI$_3$）得到的，这是一种常见的基于血氧数据估计 AHI 的方式[20]；仅使用雷达数据的结果为 6.3 节所提网络输出的检测结果，不经过后续与血氧数据融合的操作。表中的 AP$_{0.5}$ 表示事件识别的平均精度（当预测事件的包围框与真实框的 IoU 大于 0.5 时，认为检测正确），它体现了事件识别的性能；灵敏度、特异度、准确率和 Kappa 系数体现了不同诊断阈值下各方法的诊断性能，每种方法分别统计阈值 $\theta_{true} = \theta_{pred} = 5, 15, 30$（次 /h）下的结果。根据表 6-8 中的数据分析，基于雷达数据和血氧数据融合的事件识别性能与诊断性能均比使用任一单独数据更优。图 6-13 为融合前后结果对比，图中展示了一段时间内的睡眠呼吸暂停事件检测结果，可以发现单独使用雷达数据或血氧数据不能准确识别所有异常事件，而雷达数据和血氧数据融合后的结果能将所有事件都准确地识别。

表 6-8　融合前后事件检测详细结果

方法	AP$_{0.5}$/%	ICC	诊断阈值	灵敏度 /%	特异度 /%	准确率 /%	Kappa 系数
血氧	—	0.9064	5 次 /h	73.97	100.00	81.00	0.6055
			15 次 /h	85.37	98.31	93.00	0.8526
			30 次 /h	88.00	98.67	96.00	0.8904
雷达	69.91	0.9599	5 次 /h	97.26	62.96	88.00	0.6642
			15 次 /h	92.68	94.92	94.00	0.8760
			30 次 /h	88.00	97.33	95.00	0.8649
融合	74.36	0.9864	5 次 /h	93.15	92.59	93.00	0.8284
			15 次 /h	92.68	100.00	97.00	0.9373
			30 次 /h	96.00	97.33	97.00	0.9211

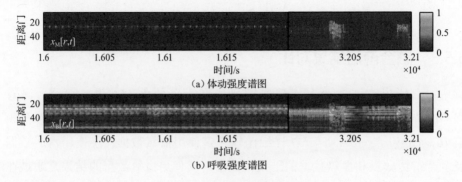

图 6-13　融合前后结果对比

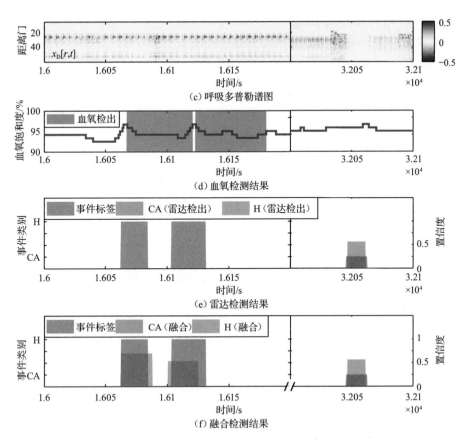

（c）呼吸多普勒谱图

（d）血氧检测结果

（e）雷达检测结果

（f）融合检测结果

图 6-13　融合前后结果对比（续）

本章小结

　　OSAHS 是人群中的高发疾病，表现为睡眠中由气道塌陷引起的呼吸阻力增加或呼吸暂停，该疾病会影响患者睡眠质量，引发一系列健康问题。传统的多导睡眠监测为接触式测量，患者舒适度差，难以普及日常监测。本章提出了融合雷达数据和血氧数据的睡眠呼吸暂停识别方法[21]，通过实测数据验证了所提方法的有效性，并得到以下结论。

　　（1）对雷达数据进行处理得到的体动强度谱图、呼吸强度谱图和呼吸多普勒谱图能较好地反映睡眠过程中人的呼吸状况，可有效用于睡眠呼吸异常事件的识别。

（2）血氧数据是判读睡眠呼吸暂停的重要生理信号之一，融合雷达数据和血氧数据识别睡眠呼吸异常事件可以大幅提升识别性能。

（3）融合雷达数据和血氧数据的睡眠呼吸暂停识别方法在测量 AHI、诊断 OSAHS 和判定 OSAHS 严重程度方面，能取得与 PSG 很高的一致性。

参考文献

[1] VEASEY S C, ROSEN I M. Obstructive sleep apnea in adults[J]. New England Journal of Medicine, 2019, 380(15): 1442-1449.

[2] SENARATNA C V, PERRET J L, LODGE C J, et al. Prevalence of obstructive sleep apnea in the general population: a systematic review [J]. Sleep Medicine Reviews, 2017, 34(1): 70-81.

[3] 中华医学会呼吸分会睡眠呼吸障碍学组，中国医学装备协会呼吸病学装备技术专业委员会睡眠呼吸设备学组. 成人阻塞性睡眠呼吸暂停高危人群筛查与管理专家共识 [J]. 中华健康管理学杂志，2022，16（8）：520-528.

[4] BERRY R B, BROOKS R, GAMALDO C E. The AASM manual for the scoring of sleep and associated events: rules, terminology and technical specifications (version 2.4) [R]. Darien: American Academy of Sleep Medicine, 2017.

[5] ZHENG H, SOWERS M, BUYSSE D J, et al. Sources of variability in epidemiological studies of sleep using repeated nights of in-home polysomnography: SWAN sleep study [J]. Journal of Clinical Sleep Medicine, 2012, 8(1): 87-96.

[6] LEE Y S, PATHIRANA P N, STEINFORT C L, et al. Monitoring and analysis of respiratory patterns using microwave Doppler radar [J]. IEEE Journal of Translational Engineering in Health and Medicine, 2014, 2(1): 2168-2372.

[7] LIN F, ZHUANG Y, SONG C, et al. SleepSense: a noncontact and cost-effective sleep monitoring system [J]. IEEE Transactions on Biomedical Circuits and Systems, 2017, 11(1): 189-202.

[8] BABOLI M, SINGH A, SOLL B, et al. Wireless sleep apnea detection using continuous wave quadrature Doppler radar [J]. IEEE Sensors Journal, 2020, 20(1): 538-545.

[9] JAVAID A Q, NOBLE C M, ROSENBERG R, et al. Towards sleep apnea screening with an under-the-mattress IR-UWB radar using machine learning[C]//2015 IEEE 14th International

Conference on Machine Learning and Applications (ICMLA). Piscataway, NJ: IEEE, 2015: 837-842.

[10]　KANG S, KIM D K, LEE Y, et al. Non-contact diagnosis of obstructive sleep apnea using impulse-radio ultra-wideband radar [J]. Scientific Reports, 2020, 10(1): 5261.

[11]　KWON H B, SON D, LEE D, et al. Hybrid CNN-LSTM network for real-time apnea-hypopnea event detection based on IR-UWB radar[J]. IEEE Access, 2021(10): 17556-17564.

[12]　CHOI J W, KIM D H, KOO D L, et al. Automated detection of sleep apnea-hypopnea events based on 60 GHz frequency-modulated continuous-wave radar using convolutional recurrent neuralnetworks: a preliminary report of a prospective cohort study[J]. Sensors,2022,22(19) :7177.

[13]　陈兆希 . 基于雷达微动信号深度学习的人体行为识别 [D]. 北京：清华大学，2022.

[14]　REN S, HE K, GIRSHICK R, et al. Faster R-CNN: towards real-time object detection with region proposal networks[J]. IEEE Transactions on Pattern Analysis and Machine Intelligence, 2016, 39(6): 1137-1149.

[15]　HE K, GKIOXARI G, DOLLÁR P, et al. Mask R-CNN[C]//Proceedings of the IEEE International Conference on Computer Vision. Piscataway, NJ: IEEE, 2017: 2961-2969.

[16]　NEUBECK A, VAN GOOL L. Efficient non-maximum suppression[C]//18th International Conference on Pattern Recognition (ICPR). Piscataway, NJ: IEEE, 2006(3): 850-855.

[17]　GUTIÉRREZ-TOBAL G C, ÁLVAREZ D, CRESPO A, et al. Evaluation of machine-learning approaches to estimate sleep apnea severity from at-home oximetry recordings[J]. IEEE Journal of Biomedical and Health Informatics, 2018, 23(2): 882-892.

[18]　KOO T K, LI M Y. A guideline of selecting and reporting intraclass correlation coefficients for reliability research [J]. Journal of Chiropractic Medicine, 2016, 15(2): 155-163.

[19]　GIAVARINA D. Understanding Bland Altman analysis [J]. Biochemia Medica, 2015, 25(2): 141-151.

[20]　GUTIÉRREZ-TOBAL G C, ÁLVAREZ D, CRESPO A, et al. Evaluation of machine-learning approaches to estimate sleep apnea severity from at-home oximetry recordings[J]. IEEE Journal of Biomedical and Health Informatics, 2018, 23(2): 882-892.

[21]　WANG W, LI C, CHEN Z, et al. Detection of sleep Apnea hypopnea events using millimeter-wave radar and pulse oximeter[J]. arXiv preprint arXiv: 2409, 19217, 2024.

第 7 章

雷达在睡眠分期中的应用

　　睡眠是人生命中的重要组成部分，约占人生 1/3 的时间。睡眠质量与人类的健康息息相关，充足且高质量的睡眠对身体机能的恢复和调节具有不可替代的作用。低质量的睡眠不仅会影响白天的工作状态、降低注意力，长此以往还会引发相关疾病，如心血管疾病、肥胖、精神紊乱等 [1]。

　　睡眠结构是衡量睡眠质量的重要指标之一。根据 AASM 发布的判读标准，人的睡眠可以分为清醒期（W 期）、非快速眼球运动 1 期（N1 期）、非快速眼球运动 2 期（N2 期）、非快速眼球运动 3 期（N3 期）和快速眼球运动期（REM 期）[2]。其中，N3 期通常称为深睡期，N1 期和 N2 期则合称为浅睡期。在正常的整夜睡眠中，不同的睡眠阶段会交替出现，呈现出 4 ～ 5 个睡眠周期，具有极强的规律性。杂乱、多变的整晚睡眠结构一般情况下反映了较低的睡眠质量。例如，阻塞性睡眠呼吸暂停患者由于呼吸暂停事件频发，在睡眠中会出现较多的觉醒，因此整晚的睡眠结构会因为 W 期的频繁出现而变得杂乱，且难以进入深度睡眠状态。由此可见，睡眠结构可以反映人的整体睡眠情况，并辅助相关睡眠疾病的预防和诊断，能实现长期、稳定、可靠的睡眠监测，对人的健康管理具有重要意义。

　　PSG 是医学上用于睡眠分期的金标准。PSG 通过采集脑电图

（Electroencephalogram，EEG）、眼动图（Electrooculogram，EOG）、肌电图（Electromyogram，EMG）、心电图（Electrocardiogram，ECG）及血氧饱和度等多种与睡眠相关的生理信号实现睡眠监测[2]。PSG 采集得到的数据会由专业的睡眠医师手工标注，睡眠医师会根据《AASM 手册》，以 30s 为一个片段对 PSG 数据进行睡眠分期。PSG 能得到具有较高精确度的睡眠分期结果，但也存在一定的弊端。

（1）PSG 需要受试者在睡觉时佩戴包括电极、胸腹带在内的大量接触式传感器，这可能会降低受试者的舒适度，干扰睡眠，使监测结果偏离受试者的日常情况。

（2）PSG 操作复杂，需要专业人员进行电极等传感器的部署，并且需要对受试者的皮肤进行清洁和消毒，难以在院外或居家使用。

（3）PSG 耗费大量的人力成本，除监测过程中所需的专业操作人员外，最终的睡眠分期结果也需要由睡眠医师手工标注，效率不高。

为了降低人力成本，提高睡眠分期的效率，许多研究者提出了基于 PSG 所采集信号的自动睡眠分期算法。Alickovic 等针对单通道脑电图，提出了一种基于离散余弦变换和支持向量机的方法来进行睡眠阶段的划分，在五分类睡眠分期上，Kappa 系数可以达到 0.88[3]。Chambon 等利用多路 PSG 信号（EEG、EMG、EOG），提出了一种无须手动计算特征或频谱图的端到端深度学习方法进行睡眠分期，可以在低计算成本下获得较好的分类性能[4]。Patanaik 等针对睡眠实验室内睡眠分期耗时严重的问题，采用服务器 - 客户端结构实现了一种端到端的睡眠分期解决方案，其准确率与睡眠医师的人工判读相当，且速度更快[5]。上述研究相比传统 PSG，其睡眠分期效率得到明显的提升，但并没有解决传统 PSG 操作复杂、舒适度差等问题，难以从根本上推动睡眠监测在基层的普及。

利用雷达进行睡眠分期能够有效解决上述问题。在《AASM 手册》中，睡眠阶段主要是根据 EEG、EMG 和 EOG 等生理信号划分的。雷达作为一种非接触式感知目标运动的传感器，不具备直接采集上述生理信号的能力，但是雷达可以精确地感知人体的呼吸、心跳及睡眠过程中的其他身体运动。已有研究表明，在不同的睡眠阶段，人的呼吸频率、呼吸频率变异性、吸气时间占比、呼吸深度、体动频率等具有一定的差异性。Thomas 等提出的心肺耦合图谱技术同样表明了呼吸和心跳信息对睡眠分期具有辅助作用[10]。由此可见，雷达具备实现睡眠分期的潜力。

随着硬件设备和无线感知技术的发展，基于雷达的睡眠监测逐步发展，其中不少研究关注雷达在睡眠分期上的能力。Kwon 等使用 UWB 雷达实现了睡眠分期，他们提出了一种基于注意力机制的 LSTM 网络，在四分类睡眠分期（W 期、REM 期、浅睡期、深睡期）上取得了不错的结果，准确率可达82.6%[11]。Zhao 等提出了一种条件对抗结构，他们从电磁波信号中提取有效特征，实现了非接触式睡眠分期。条件对抗结构的引入使模型在应对不同受试者、不同场景时的能力更强[12]。Zhang 等使用 Wi-Fi 信号实现睡眠监测，基于统计模型进行分析，完成了 W 期、REM 期和 NREM 期的三分类睡眠分期[13]，这里 Wi-Fi 信号可视为被动雷达。在文献 [13] 的基础上，Yu 等进一步引入深度学习模型来进行睡眠分期，他们从 Wi-Fi 信号中分离出呼吸信号和体动信号，将其输入多尺度卷积－双向 LSTM 网络中进行特征提取与睡眠分期，并通过先验知识对结果进行后处理，在四分类睡眠分期上获得了 81.8% 的准确率[9]。

光电容积脉搏波（Photoplethysmography，PPG，以下简称"脉搏波"）技术可以无创式地获取人体心率、血氧等信息，能为睡眠分期提供与雷达数据不同维度的信息。目前已有不少研究基于脉搏波信号实现了自动睡眠分期。Habib 等提出了一种利用脉搏波信号进行多阶段睡眠分类的自动技术，通过 CNN 提取脉搏波信号特征，实现了 W 期、REM 期、浅睡期和深睡期的睡眠阶段划分[14]。Kotzen 等提出了 SleepPPG-Net，通过脉搏波信号实现睡眠分期，并在外部数据库中表现出了良好的泛化性能（Kappa 系数为 0.74）[15]。可见，脉搏波信号在睡眠分期领域也具有不错的应用价值。

本章针对睡眠分期问题，提出了一种融合雷达信号和脉搏波信号的睡眠分期方法[16]。使用 60GHz 的 FMCW 毫米波雷达和腕式血氧仪采集人体睡眠呼吸微动信号和脉搏波信号。首先对雷达信号和脉搏波信号进行预处理，根据本章所提的脉搏波预处理方法提取脉搏波信号的时频图和时频域特征，其中雷达信号的预处理方法与 6.2 节相同。接着将雷达信号预处理后的体动强度谱图、呼吸强度谱图、呼吸多普勒谱图及脉搏波信号预处理后的时频图和时频域特征分别送入所设计的深度神经网络模型，实现自动睡眠分期，并进一步统计总睡眠时间和各睡眠阶段的占比，验证本章所提方法与 PSG 在睡眠分期上的一致性。

7.1　实验场景与数据采集

本实验使用的数据均来自 2023 年 8—11 月在首都医科大学附属北京儿童医院睡眠中心进行的临床试验，该试验开展前通过了首都医科大学附属北京儿童医院医学伦理委员会的审批（[2023]-E-092-Y）。所有受试者均获得了本实验的详细信息，年龄大于等于 8 岁的儿童及其家属均签署了知情同意书，年龄小于 8 岁的儿童由其家属签署知情同意书。在本实验中，对同一受试者同时实施 PSG 与雷达睡眠监测，数据采集场景示意如图 7-1 所示。

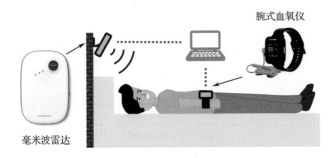

图 7-1　数据采集场景示意

7.1.1　雷达睡眠监测系统

本章使用北京清雷科技有限公司研制的 QSA600 睡眠监测系统，其硬件由雷达和血氧仪构成。雷达是英飞凌公司生产的型号为 BGT60TR13C 的 FMCW 雷达，其载波频率 $f_0 = 60\text{GHz}$，带宽 $B = 3\text{GHz}$，相应的距离分辨率为 5cm，扫频重复频率 $f_{\text{CRF}} = 250\text{Hz}$，径向运动的最大无模糊速度为 $\pm 31.25\text{cm/s}$，数据采集仅使用了其中一个接收单元和一个发射单元。血氧仪是超思公司生产的型号为 MD300W628 的脉搏血氧仪，可以监测受试者睡眠过程中的脉搏波和血氧饱和度的变化情况。雷达的安装方式与第 6 章类似，通过斜照射的方式使受试者头部、胸部、腹部等部位的运动体现在时间–距离像上不同的距离单元。

7.1.2　多导睡眠监测

PSG 是睡眠分期的金标准，在本实验中，对于接受多导睡眠监测的受试者，采集其额区脑电、中央区脑电、枕区脑电、眼电、颏肌电、下肢肌电、心电、鼾声、鼻压力气流、热敏气流、胸腹带、指脉氧、脉搏波、体位等生理信号。睡眠医师基于上述生理信号，对受试者的整晚睡眠进行睡眠分期，其标注规则符合《AASM 手册》[2]。本实验共采用了 281 名受试者的整晚雷达数据和生理数据，受试者基本信息如表 7-1 所示。受试者中包含健康人与阻塞性睡眠呼吸暂停（Obstructive Sleep Apnea，OSA）患者。与健康人相比，OSA 患者的睡眠结构更加混乱，这保证了实验数据的广泛分布。特别地，由于本实验中的受试者为儿童，因此，OSA 的严重程度需要根据阻塞性睡眠呼吸暂停低通气指数（Obstructive Apnea-Hypopnea Index，OAHI）进行分级。

表 7-1　受试者基本信息

类别	数量 / 人	总睡眠时间*/min	OAHI*/（次 /h）
健康	105	472.50（442.25,512.75）	0.40（0.10,0.60）
轻度 OSA	106	469.50（432.75,514.80）	2.37（1.50,3.22）
中度 OSA	31	461.50（427.50,500.00）	6.60（5.60,7.40）
重度 OSA	39	428.30（372.50,484.00）	22.40（15.11,45.30）

注：*数据以中位数（下四分位数，上四分位数）呈现。

7.2　数据预处理

本章使用与 6.2 节相同的方式对雷达信号进行预处理，得到具有物理意义的体动强度谱图、呼吸强度谱图和呼吸多普勒谱图，作为后续雷达睡眠分期深度神经网络模型的输入。此外，本节提出了一种脉搏波信号预处理方法，提取了脉搏波信号的时频图和时频域特征，作为后续脉搏波睡眠分期深度神经网络模型的输入。

原始脉搏波信号中有一定的噪声和伪迹。首先通过小波变换抑制信号噪声，得到小波去噪后的脉搏波信号 $p[t]$。对脉搏波信号进行标准化操作，得到标准脉搏波信号 $\hat{p}[t]$，表达式为

$$\mu = \frac{1}{N}\sum_{n=0}^{N-1}p[n] \tag{7-1}$$

$$\hat{p}[t] = \frac{p[t]-\mu}{\sqrt{\dfrac{1}{N}\sum_{n=0}^{N-1}\left(p[n]-\mu\right)^2}} \tag{7-2}$$

式中，μ 为对原始脉搏波求得的均值；N 为脉搏波信号长度。对标准脉搏波信号 $\hat{p}[t]$ 进行 STFT，得到脉搏波信号对应的时频图，表达式为

$$P[t,k] = \sum_{n=0}^{L-1}w[n]\hat{p}[t-n]\exp\left(-\frac{\mathrm{j}2\pi kn}{N}\right) \tag{7-3}$$

式中，$w[n]$ 为 STFT 中的窗函数；L 为窗函数时长。

接着进行脉搏波特征提取操作，提取脉搏波信号在时频域上的特征，详细信息如表 7-2 所示。频域特征包括频谱能量 $F_1[t]$、加权频率 $F_2[t]$ 及加权高次频率 $F_3[t] \sim F_5[t]$，通过引入频率的高次乘方，可以调整加权频率的计算，使其对高频成分更加敏感。时域特征是在 t 时刻前后 ΔN 范围内的信号上分析提取的，包括信号均值 $F_6[t]$、信号方差 $F_7[t]$ 和信号包络 $F_8[t]$。将每个时刻提取的所有脉搏波特征拼接成向量 $\boldsymbol{F}[t] = [F_1[t], F_2[t], F_3[t], F_4[t], F_5[t], F_6[t], F_7[t], F_8[t]]$，作为后续深度神经网络模型的时频特征输入。

表 7-2　脉搏波信号时频域特征详细信息

特征类型	计算公式
频域特征*	$F_1[t] = \sum_{k}\lvert P[t,k]\rvert$
	$F_2[t] = \sum_{k}f_k\lvert P[t,k]\rvert$
	$F_3[t] = \sum_{k}f_k^2\lvert P[t,k]\rvert$
	$F_4[t] = \sum_{k}f_k^3\lvert P[t,k]\rvert$
	$F_5[t] = \sum_{k}f_k^4\lvert P[t,k]\rvert$
时域特征	$F_6[t] = \dfrac{1}{2\Delta N}\sum_{n=t-\Delta N}^{t+\Delta N}\hat{p}[n]$
	$F_7[t] = \dfrac{1}{2\Delta N}\sum_{n=t-\Delta N}^{t+\Delta N}\left(\hat{p}[n]-F_6[t]\right)^2$
	$F_8[t] = \sqrt{\dfrac{1}{2\Delta N}\sum_{n=t-\Delta N}^{t+\Delta N}\hat{p}^2[n]}$

注：* f_k 为频率索引 k 对应的频率值。

完成特征提取后,提取到的标准脉搏波信号 $\hat{p}[t]$、时频图 $P[t,k]$ 和时频域特征 $F[t]$ 将被送入后续的脉搏波睡眠分期深度神经网络中用于睡眠分期。

7.3 睡眠分期深度神经网络模型

本节基于 7.2 节中数据预处理得到的雷达体动强度谱图、呼吸强度谱图、呼吸多普勒谱图和脉搏波信号特征,设计了以雷达预处理谱图为输入的雷达睡眠分期深度神经网络模型和以脉搏波特征为输入的脉搏波睡眠分期深度神经网络模型,并提出了一种决策级融合方法,融合两种信号得到的结果以提升睡眠分期的性能。在实验中,睡眠医师基于 PSG 生理信号标注的睡眠分期结果将作为标签训练所提出的神经网络。

7.3.1 雷达睡眠分期深度神经网络模型

本节提出了一种以体动强度谱图 $x_M[r,t]$、呼吸强度谱图 $x_B[r,t]$ 和呼吸多普勒谱图 $x_D[r,t]$ 为输入的深度神经网络模型,实现基于雷达的睡眠分期,该模型的基本结构如图 7-2 所示。

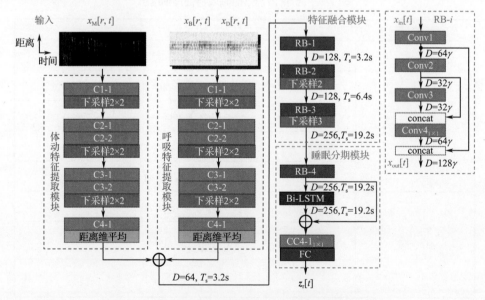

图 7-2 雷达睡眠分期深度神经网络模型的基本结构

1. 特征提取模块

考虑到体动特征与呼吸特征的差异，将特征提取模块分为体动特征提取模块和呼吸特征提取模块，利用序贯连接的卷积层分别提取体动谱图（体动强度谱图 $x_M[r,t]$ ）和呼吸谱图（呼吸强度谱图 $x_B[r,t]$ 、呼吸多普勒谱图 $x_D[r,t]$ ）的特征。特征提取模块各层详细参数如表 7-3 所示。体动特征提取模块的输入为数据预处理中提取的体动强度，尺寸为 $N_T \times N_R \times 1$ （时间 × 距离 × 深度），呼吸特征提取模块的输入为呼吸强度和呼吸多普勒沿深度维堆叠后的谱图，尺寸为 $N_T \times N_R \times 2$ 。在将谱图输入网络之前，在时间维对其以 2.5Hz 的采样频率进行采样，该采样频率可以保证在不损失有用信息的前提下尽可能压缩数据量，因此输入谱图在时间维的尺寸 $N_T = 2.5T$ ， T 为信号时长。在距离维选取较近处覆盖受试者床铺区域的 55 个距离单元，因此输入谱图在距离维的尺寸 $N_R = 55$ 。例如，一段时长为 80s 的谱图，其对应的输入尺寸 $N_T = 200$ 。输入谱图经过多次卷积和下采样操作，最终经卷积层 C4-1 输出后沿距离维进行算术平均，得到尺寸为 $(N_T/8) \times 64$ （时间 × 深度）的一组特征，其中各时刻都是一个长度为 64 的特征向量，表示为 $D = 64$ 。 T_s 表示特征在时间维的步长，即相邻特征点之间的时间间隔。将提取出来的体动特征与呼吸特征相加，送入后续的特征融合模块。

表 7-3 特征提取模块各层详细参数

层名称	卷积核尺寸 （时间 × 距离）	输出通道数	下采样
C1-1	3×5	16	2×2 平均池化
C2-1	3×5	32	—
C2-2	3×3	32	2×2 平均池化
C3-1	3×3	64	—
C3-2	3×3	64	2×2 跨步卷积
C4-1	3×3	128	—

2. 特征融合模块

特征融合模块的作用是对特征提取模块得到的体动特征和呼吸特征进行融合与深层优化。特征融合模块各层详细参数如表 7-4 所示。人的睡眠阶段在短时间内通常不会发生频繁变化，每个睡眠阶段一般会持续数分钟到数十分钟，因此在特征融合模块，进一步在时间维对特征进行下采样，扩大特征在时间维的感受野，使其更好地适用于本章睡眠分期的应用。最终，特征融合模块得到时间步长 $T_s = 19.2\text{s}$ 的特征，其将作为睡眠分期模块的输入。

表 7-4　特征融合模块各层详细参数

层名称		卷积核尺寸（时间×距离）	输出通道数
残差块 * RD-*k*	Conv1	3×1	64 γ
	Conv2	3×1	32 γ
	Conv3	3×1	32 γ
	Conv4$_{1×1}$	1×1	64 γ

注：* 当尺度层级 $k = 1,2$ 时，$\gamma = 1$；当 $k = 3$ 时，$\gamma = 2$。

3. 睡眠分期模块

在睡眠分期模块，残差块 RB-4 用于进一步提取和优化特征。双向 LSTM（Bidirectional Long Short-Term Memory，Bi-LSTM）网络被应用于学习特征的时间依赖性。Bi-LSTM 网络不仅考虑了时间序列数据的前向依赖关系，还考虑了后向依赖关系，从而提高了模型对时间序列数据的捕捉能力。睡眠分期模块各层详细参数如表 7-5 所示。睡眠分期模块输出基于雷达谱图得到的各睡眠阶段逻辑值 $z_r[t] = [z_{r,1}[t], z_{r,2}[t], z_{r,3}[t], z_{r,4}[t], z_{r,5}[t]]$，$z_{r,1}[t] \sim z_{r,5}[t]$ 分别代表基于雷达预测的在 t 时刻受试者处于 W 期、N1 期、N2 期、N3 期和 REM 期的逻辑值，输出时间步长为 $T_s = 19.2\text{s}$。

表 7-5　睡眠分期模块各层详细参数

层名称	输出特征数
Bi-LSTM	256
FC	5

7.3.2　脉搏波睡眠分期深度神经网络模型

本节提出了一种以脉搏波预处理得到的时频图 $P[t,k]$、标准脉搏波信号 $\hat{p}[t]$ 和时频域特征 $F[t]$ 为输入的深度神经网络，以实现基于脉搏波的睡眠分期。该模型的基本结构如图 7-3 所示。

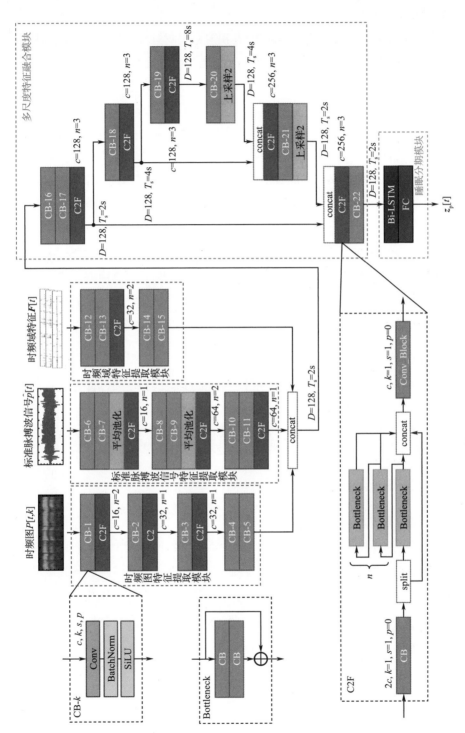

图 7-3　脉搏波睡眠分期深度神经网络模型的基本结构

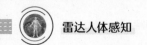

1. 特征提取模块

在特征提取模块，使用序贯连接的卷积层分别对时频图特征、标准脉搏波信号特征和时频域特征进行特征提取。时频图特征提取模块的输入为 $P[t,k]$，尺寸为 $N_{T_1} \times N_F \times 1$ （时间×频率×深度）；标准脉搏波信号特征提取模块的输入为 $\hat{p}[t]$，尺寸为 $N_{T_2} \times 1$ （时间×深度）；时频域特征提取模块的输入为 $F[t]$，尺寸为 $N_{T_3} \times N_{fea}$ （时间×深度），这里的深度等于预处理中提取的特征数量。在将时频图特征和时频域特征输入网络之前，先在时间维对其以 1Hz 的采样频率进行采样，对标准脉搏波信号特征以 128Hz 的采样频率进行采样。因此，输入网络的标准脉搏波信号特征在时间维的尺寸 $N_{T_2} = 128T$，其余两个输入的尺寸 $N_{T_1} = N_{T_3} = T$，T 为输入网络的信号时长。各输入经过多次卷积和池化操作，得到较高层级的特征，将 3 路特征沿深度维堆叠，得到尺寸为 $0.5T \times 128$ （时间×深度）的一组特征，其中各时刻都是一个长度为 128 的特征向量，表示为 $D = 128$。T_s 表示特征在时间维的步长，即相邻特征点之间的时间间隔。堆叠后的特征将送入后续的多尺度特征融合模块。

2. 多尺度特征融合模块

多尺度特征融合模块的设计参考了经典的 U-Net 结构 [17]。首先通过跨步卷积层在时间维对特征进行下采样，这样得到的各层级特征具有不同的感受野和步长。接着将不同层级的特征通过拼接融合，得到多尺度脉搏波特征，将其用于最终的睡眠分期。

脉搏波睡眠分期网络参数如表 7-6 所示。

3. 睡眠分期模块

在睡眠分期模块，使用与雷达睡眠分期深度神经网络模型中的睡眠分期模块相同的 Bi-LSTM 网络和全连接层，输出基于脉搏波信号得到的各睡眠阶段逻辑值 $z_p[t] = [z_{p,1}[t], z_{p,2}[t], z_{p,3}[t], z_{p,4}[t], z_{p,5}[t]]$，$z_{p,1}[t] \sim z_{p,5}[t]$ 分别代表基于脉搏波预测的在 t 时刻受试者处于 W 期、N1 期、N2 期、N3 期和 REM 期的逻辑值，输出时间步长为 $T_s = 2\mathrm{s}$。

表 7-6 脉搏波睡眠分期网络参数

层名称	卷积核尺寸*	输出通道数	层名称	卷积核尺寸	输出通道数
时频图特征提取模块			时频域特征提取模块		
CB-1	$3\times3, s=2, p=1$	16	CB-12	$3, s=2, p=1$	16
CB-2	$3\times3, s=(2,1), p=1$	32	CB-13	$3, s=1, p=1$	32
CB-3	$3\times3, s=(2,1), p=1$	32	CB-14	$3, s=1, p=1$	64
CB-4	$4\times1, s=1, p=0$	32	CB-15	$3, s=1, p=1$	43
CB-5	$1\times1, s=1, p=0$	32	多尺度特征融合模块		
时域信号特征提取模块			CB-16	$3, s=1, p=1$	128
CB-6	$3, s=2, p=1$	3	CB-17	$1, s=1, p=0$	128
CB-7	$3, s=2, p=1$	8	CB-18	$3, s=2, p=1$	128
CB-8	$3, s=2, p=1$	32	CB-19	$3, s=2, p=1$	128
CB-9	$3, s=2, p=1$	64	CB-20	$1, s=1, p=0$	128
CB-10	$3, s=2, p=1$	128	CB-21	$1, s=1, p=0$	128
CB-11	$3, s=2, p=1$	64	CB-22	$1, s=1, p=0$	128

注：* s 为卷积的步长，p 为卷积中的补零数。

7.3.3 融合输出

1. 融合流程

由 7.3.1 节和 7.3.2 节的两个睡眠分期深度神经网络模型，可以初步得到基于雷达和脉搏波的睡眠分期逻辑值（$z_r[t]$ 和 $z_p[t]$）。为了获得最终融合后的睡眠分期逻辑值 $z_f[t]$，首先对脉搏波信号进行一次脱落检测，这是因为脉搏波信号是通过带有手指套的腕式血氧仪获取的，存在脱落的风险，当原始脉搏波信号的值在一段时间内持续为 0 时，则说明其脱落，记脉搏波脱落标志为 $m[t]$，$m[t]=1$ 表示未脱落，$m[t]=0$ 表示脱落。将基于脉搏波的睡眠分期逻辑值 $z_p[t]$ 与脱落标志 $m[t]$ 相乘后再与基于雷达的睡眠分期逻辑值 $z_r[t]$ 拼接。特别地，由于雷达信号与脉搏波信号的采样率不一致，它们输出的睡眠分期逻辑值具有不同的步长，因此在拼接前需要先对 $z_r[t]$ 做插值以保证基于两类信号的睡眠分期逻辑值具有相同的采样率。然后将拼接后的逻辑值向量经过全连接层输出融合后的各睡眠分期逻辑值 $z_f[t]$，再由 softmax 函数得到最终概率值 $\boldsymbol{P}[t]=[P_1[t],P_2[t],P_3[t],P_4[t],P_5[t]]$，计算公式为

$$P_i[t] = \frac{\exp(z_{f,i}[t])}{\sum\limits_{k=1}^{5}\exp(z_{f,k}[t])} \tag{7-4}$$

式中，$P_1[t] \sim P_5[t]$ 分别表示在 t 时刻受试者处于 W 期、N1 期、N2 期、N3 期和 REM 期的概率。融合输出流程如图 7-4 所示。

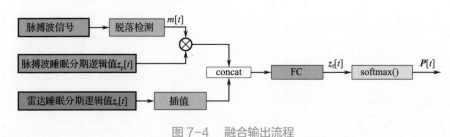

图 7-4　融合输出流程

2. 损失函数

在 PSG 中，睡眠医师判读睡眠分期的时间步长为 30s，对 PSG 结果进行插值处理，得到和融合输出结果具有相同时间步长的睡眠分期标签，并转换为独热编码 $\boldsymbol{Y}[t]=[Y_1[t],Y_2[t],Y_3[t],Y_4[t],Y_5[t]]$。在 t 时刻，$Y_1[t] \sim Y_5[t]$ 中只有一个值为 1，其余值为 0，表示当前时刻受试者处于 W 期、N1 期、N2 期、N3 期或 REM 期。采用交叉熵损失训练所提出的神经网络，在训练过程中最小化损失函数，即

$$\mathcal{L} = -\sum_t \boldsymbol{Y}[t]\ln \boldsymbol{P}[t]^{\mathrm{T}} \tag{7-5}$$

7.3.4　实现细节

本实验采用 PyTorch 实现本章所提深度神经网络模型，训练使用 Adam 优化器，并采用带热重启的余弦退火学习率策略，共进行 200 轮。为缓解过拟合现象，训练时在输入数据中加入了少量高斯白噪声，并采用随机平移、裁剪的方法进行数据增强。

7.4　实验结果

本节在 7.1 节所采集的实测数据的基础上，根据睡眠分期深度神经网络模型的分类结果和 PSG 的睡眠分期标签，首先统计整晚总睡眠时间（Total Sleep Time，TST）及整晚浅睡期（N1 期和 N2 期）时长、深睡期（N3 期）时长、REM 期时长占 TST 的百分比，判断基于本章所提方法预测的结果和 PSG 结果之间的一致性。然后绘制混淆矩阵并计算本章所提方法的准确率及各睡眠阶段的召回率和精确率。实验采用 4 折交叉验证，每次取其中一折为测试集。本节所展示的结果均为测试集上的实验结果。

7.4.1　睡眠分期结果一致性分析

根据融合后的睡眠分期概率值，可以得到基于雷达和脉搏波的睡眠分期预测结果 $s_{\text{pred}}[t] = \arg\max_i P_i[t]$，记 PSG 得到的分期结果为 $s_{\text{true}}[t]$，则真实的总睡眠时间为

$$\text{TST}_k = T_\text{o}\sum_t \mathbf{1}_{s_k[t]>1}, k \in \{'\text{true}','\text{pred}'\} \tag{7-6}$$

式中，T_o 为输出结果的时间步长。类似地，可以计算各睡眠阶段的整晚预测时长和真实时长，计算公式为

$$T_{n,k} = T_\text{o}\sum_t \mathbf{1}_{s_k[t]==n}, k \in \{'\text{true}','\text{pred}'\}, n \in \{2,3,4,5\} \tag{7-7}$$

式中，$n \in \{2,3,4,5\}$ 依次对应 N1 期、N2 期、N3 期和 REM 期。进一步计算整晚各睡眠阶段时长占 TST 的百分比 $P_{n,k}$，即

$$P_{n,k} = T_{n,k} / \text{TST}_k, k \in \{'\text{true}','\text{pred}'\}, n \in \{2,3,4,5\} \tag{7-8}$$

特别地，浅睡期时长占比 $P_{\text{浅},k} = P_{2,k} + P_{3,k}$，深睡期时长占比 $P_{\text{深},k} = P_{4,k}$，REM 期时长占比 $P_{\text{REM},k} = P_{5,k}$。

图 7-5 为睡眠分期结果散点图和 Bland-Altman 分析，其中给出了本章所提方法预测的总睡眠时间、浅睡期时长占比、深睡期时长占比和 REM 期时长占比与基于 PSG 的真实值之间的 ICC，依次为 0.906、0.581、0.621 和 0.672，其计算公式可参考 6.5 节。Bland-Altman 分析结果显示，本章所提方法得出的总睡眠时间、浅睡期时长占比、深睡期时长占比和 REM 期时长占比与 PSG 结果的平均差异依次为 0.01h、-0.44%、1.19% 和 -0.75%。上述结果表明，融合雷达和脉

搏波的方法与 PSG 在测量总睡眠时间和各睡眠阶段的占比上具有较高的一致性。

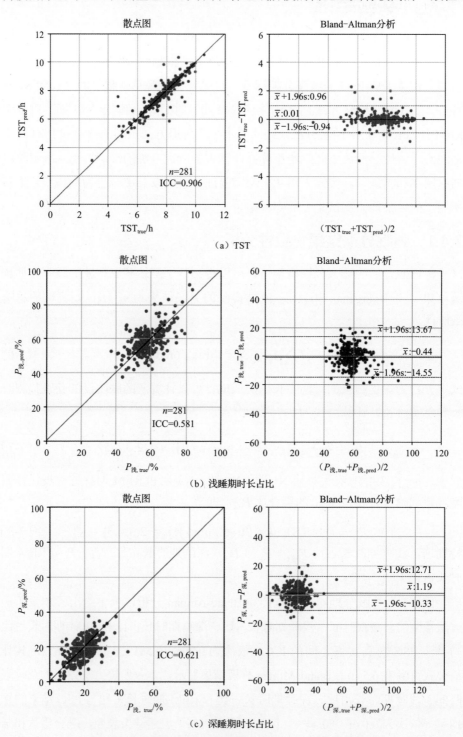

（a）TST

（b）浅睡期时长占比

（c）深睡期时长占比

图 7-5　睡眠分期结果散点图和 Bland-Altman 分析

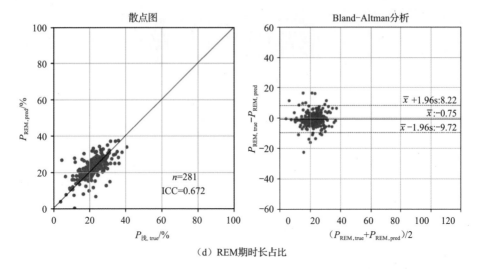

（d）REM期时长占比

图 7-5　睡眠分期结果散点图和 Bland-Altman 分析（续）

　　进一步地，根据睡眠分期的不同颗粒度，本节统计了 3 种颗粒度下睡眠分期结果的混淆矩阵，如图 7-6 所示。混淆矩阵对角线上的元素表示每个类别的召回率，图 7-6（a）～（c）分别对应二分类（W 期、睡眠期）睡眠分期、四分类（W 期、浅睡期、深睡期、REM 期）睡眠分期和五分类（W 期、N1 期、N2 期、N3 期、REM 期）睡眠分期。可以发现，本章所提方法在不同颗粒度下的睡眠分期均有不错的性能，其中 W 期和睡眠期的召回率分别可达 88.9% 与 96.7%。不同颗粒度下睡眠分期的详细指标如表 7-7 所示。

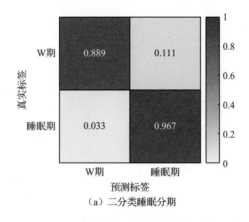

（a）二分类睡眠分期

图 7-6　不同颗粒度下睡眠分期结果的混淆矩阵

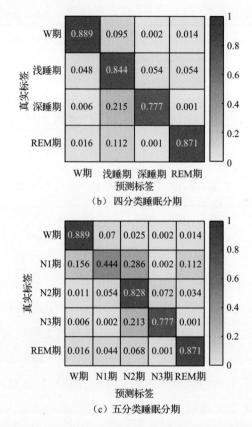

（b）四分类睡眠分期

（c）五分类睡眠分期

图 7-6　不同颗粒度下睡眠分期结果的混淆矩阵（续）

表 7-7　不同颗粒度下睡眠分期的详细指标

指标		二分类睡眠分期	四分类睡眠分期	五分类睡眠分期
召回率 /%	W 期		88.9	
	N1 期		84.4	44.4
	N2 期			82.8
	N3 期	96.7	77.7	
	REM 期		87.1	
	平均	92.8	84.5	76.2

续表

指标		二分类睡眠分期	四分类睡眠分期	五分类睡眠分期
精确率 /%	W 期	88.5		
	N1 期	96.8	84.0	55.3
	N2 期			77.2
	N3 期		82.4	
	REM 期		84.4	
	平均	92.6	84.8	77.5
准确率 /%		95.0	84.8	79.7
Kappa 系数		0.854	0.781	0.734

对睡眠分期结果进行细节分析，可以发现，在醒睡识别上，不同颗粒度下 W 期的召回率和精确率都相对较低，漏检可能是因为受试者在整晚睡眠中存在微觉醒或平静的清醒（如失眠等），虚警可能是因为一些受试者在睡眠时容易出现频繁的体动，导致被误判为 W 期。在四分类睡眠分期上，融合雷达和脉搏波的方法整体效果较好，但深睡期（N3 期）的召回率相比其他几个睡眠阶段略低，主要是因为深睡期表现出来的生理特征与浅睡期中 N2 期的特征类似，容易出现误判。在五分类睡眠分期上，N1 期的检测性能很差，这可能是因为其在雷达信号和脉搏波信号上的特征区分度不高，并且 N1 期通常是 W 期到 N2 期的过渡，持续时间较短，样本量不足，使网络未能充分学习到该阶段的特征。

7.4.2　整晚睡眠分期结果分析

本节对受试者整晚的睡眠分期结果进行细节上的观察和分析。图 7-7 选取了 2 名受试者整晚睡眠分期的完整结果，分别代表实验中的较优结果和较差结果。由图可知，在较优结果中，本章所提睡眠分期方法和 PSG 的睡眠分期吻合得很好，整体趋势一致，仅存在少量识别错误；在较差结果中，可以看到受试者的 REM 期没有被很好地识别出来，且存在不少睡眠期被误判为 W 期的情况，原因可能是该受试者夜晚体动较多。

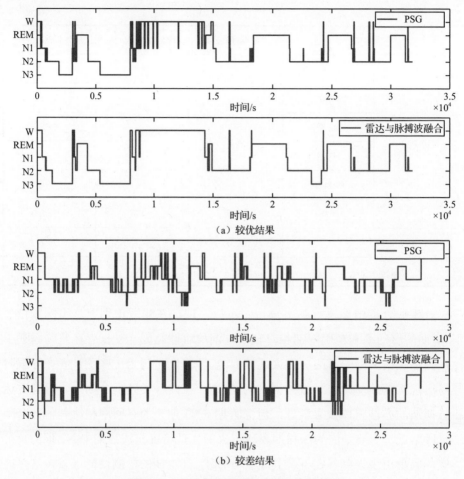

（a）较优结果

（b）较差结果

图 7-7　受试者整晚睡眠分期的完整结果

本章小结

　　睡眠是人生命中最重要的组成部分之一，整晚睡眠结构往往能反映人的睡眠质量。传统的睡眠分期由 PSG 实现，但 PSG 价格昂贵且受试者舒适度差，难以普及日常监测。采用 FMCW 雷达传感器进行非接触式睡眠监测可以实现低成本、低隐私泄露风险的自动睡眠分期。本章针对雷达睡眠分期，通过实测数据验证了所提方法的有效性[18]，并得到以下结论。

　　（1）对雷达信号进行处理得到的体动强度谱图、呼吸强度谱图和呼吸多普勒谱图能较好地反映睡眠状况，可有效用于睡眠阶段的划分。

（2）脉搏波信号与心跳情况密切相关，可以提供与心脏活动相关的信息，也可以为睡眠分期提供有效信息。

（3）融合毫米波雷达和脉搏波信号的睡眠分期方法在睡眠阶段预测上能取得与 PSG 较高的一致性。

参考文献

[1] ANISHCHENKO L N, BUGAEV A S, IVASHOV S I, et al. Determination of the sleep structure via radar monitoring of respiratory movements and motor activity[J]. Journal of Communications Technology and Electronics, 2017(62): 886-893.

[2] BERRY R B, BROOKS R, GAMALDO C E, et al. The AASM manual for the scoring of sleep and associated events: rules, terminology and technical specifications (version 2.4) [M]. Darien, IL: American Academy of Sleep Medicine, 2017.

[3] ALICKOVIC E, SUBASI A. Ensemble SVM method for automatic sleep stage classification[J]. IEEE Transactions on Instrumentation and Measurement, 2018, 67(6): 1258-1265.

[4] CHAMBON S, GALTIER M N, ARNAL P J, et al. A deep learning architecture for temporal sleep stage classification using multivariate and multimodal time series[J]. IEEE Transactions on Neural Systems and Rehabilitation Engineering, 2018, 26(4): 758-769.

[5] PATANAIK A, ONG J L, GOOLEY J J, et al. An end-to-end framework for real-time automatic sleep stage classification[J]. Sleep, 2018, 41(5): zsy041.

[6] WILDE-FRENZ J, SCHULZ H. Rate and distribution of body movements during sleep in humans[J]. Perceptual and Motor Skills, 1983, 56(1): 275-283.

[7] DOUGLAS N J, WHITE D P, PICKETT C K, et al. Respiration during sleep in normal man[J]. Thorax, 1982, 37(11): 840-844.

[8] GUTIERREZ G, WILLIAMS J, ALREHAILI G A, et al. Respiratory rate variability in sleeping adults without obstructive sleep apnea[J]. Physiological Reports, 2016, 4(17): e12949.

[9] YU B, WANG Y, NIU K, et al. WiFi-sleep: sleep stage monitoring using commodity Wi-Fi devices[J]. IEEE Internet of Things Journal, 2021, 8(18): 13900-13913.

[10] THOMAS R J, MIETUS J E, PENG C K, et al. An electrocardiogram-based technique to assess cardiopulmonary coupling during sleep[J]. Sleep, 2005, 28(9): 1151-1161.

[11] KWON H B, CHOI S H, LEE D, et al. Attention-based LSTM for non-contact sleep stage classification using IR-UWB radar[J]. IEEE Journal of Biomedical and Health Informatics,

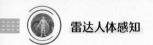

2021, 25(10): 3844-3853.

[12] ZHAO M, YUE S, KATABI D, et al. Learning sleep stages from radio signals: a conditional adversarial architecture[C]//International Conference on Machine Learning. PMLR, New York, NY: ACM, 2017: 4100-4109.

[13] ZHANG F, WU C, WANG B, et al. SMARS: sleep monitoring via ambient radio signals[J]. IEEE Transactions on Mobile Computing, 2019, 20(1): 217-231.

[14] HABIB A, MOTIN M A, PENZEL T, et al. Performance of a convolutional neural network derived from PPG signal in classifying sleep stages[J]. IEEE Transactions on Biomedical Engineering, 2022, 70(6): 1717-1728.

[15] KOTZEN K, CHARLTON P H, SALABI S, et al. SleepPPG-Net: a deep learning algorithm for robust sleep staging from continuous photoplethysmography[J]. IEEE Journal of Biomedical and Health Informatics, 2022, 27(2): 924-932.

[16] 张闻宇, 王泽涛, 丁玉国. 一种基于脉搏波的睡眠分期方法及设备: ZL202311206334.X[P]. 2023-12-22.

[17] RONNEBERGER O, FISCHER P, BROX T. U-net: convolutional networks for biomedical image segmentation[C]//Medical Image Computing and Computer-assisted Intervention-MICCAI 2015: 18th International Conference, Munich, Germany, October 5-9, 2015, Proceedings, Part III 18. Berlin, German: Springer International Publishing, 2015: 234-241.

[18] WANG W, SONG R, WU Y, et al. Detection learning-based automated diagnosis of obstructive sleep apnea and sleep stage classification in children using millimeter-wave radar and pulse oximeter[J]. arXiv preprint arXiv: 2409,19217,2024.

反侵权盗版声明

电子工业出版社依法对本作品享有专有出版权。任何未经权利人书面许可，复制、销售或通过信息网络传播本作品的行为，歪曲、篡改、剽窃本作品的行为，均违反《中华人民共和国著作权法》，其行为人应承担相应的民事责任和行政责任，构成犯罪的，将被依法追究刑事责任。

为了维护市场秩序，保护权利人的合法权益，我社将依法查处和打击侵权盗版的单位和个人。欢迎社会各界人士积极举报侵权盗版行为，本社将奖励举报有功人员，并保证举报人的信息不被泄露。

举报电话：（010）88254396；（010）88258888
传　　真：（010）88254397
E-mail： dbqq@phei.com.cn
通信地址：北京市海淀区万寿路 173 信箱
　　　　　电子工业出版社总编办公室
邮　　编：100036